九型人格：越简单越实用

廖春红 / 编著

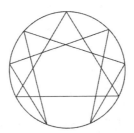

中国华侨出版社
北京

图书在版编目(CIP)数据

九型人格：越简单越实用/廖春红编著.—北京：
中国华侨出版社，2018.3（2019.10 重印）
ISBN 978-7-5113-7494-3

Ⅰ.①九… Ⅱ.①廖… Ⅲ.①人格心理学—通俗读物
Ⅳ.① B848-49

中国版本图书馆 CIP 数据核字（2018）第 023550 号

九型人格：越简单越实用

编　　著：廖春红
责任编辑：安　可
封面设计：冬　凡
插图绘制：徐林龙　韩　莉
文字编辑：贾　娟
图文制作：北京东方视点数据技术有限公司
经　　销：新华书店
开　　本：880mm×1230mm　1/32　印张：6　字数：260 千字
印　　刷：三河市鹏远艺兴印务有限公司
版　　次：2018 年 4 月第 1 版　2019 年 10 月第 3 次印刷
书　　号：ISBN 978-7-5113-7494-3
定　　价：30.00 元

中国华侨出版社　北京市朝阳区静安里 26 号通成达大厦 3 层　邮编：100028
法律顾问：陈鹰律师事务所
发 行 部：（010）58815874　　　传　真：（010）58815857
网　　址：www.oveaschin.com　　　E-m a i l：oveaschin@sina.com

如果发现印装质量问题，影响阅读，请与印刷厂联系调换。

　　九型人格是远古时代古巴比伦口耳相传的智慧，也是一门实践学问。它通过分析人们行为背后的出发点，即基本欲望和基本恐惧，将所有的人划分为九种类型：完美主义者、给予者、实干者、浪漫主义者、观察者、怀疑论者、享乐主义者、领导者和调停者。这九种人格类型按照九角形排列，彼此相近、相似，并在紧张和放松的情境下相互转化。

　　九型人格是一种深层次了解人的方法和学问，要求我们走出自己的固有观念，去感受他人的思想。它虽然高深，但也通俗实用。它深入问题的核心，帮助我们了解自己及他人的个性、倾向和偏好，让我们明白行为背后的原始动机及需要。只有了解了自己是哪种类型，才能深刻了解自己的性格，从而扬长避短；只有了解对方是哪种类型，才能事先得知对方在特定情势下的反应和行为。

九型人格理论是一本识人秘籍，让你能够真正认知自己的性格，接受真实的自我，做到自我调整与转型；轻松辨识对方的性格类型，在纷繁复杂的社会交往中对一切了然于心，让一切尽在你的掌握中。

九型人格理论是一份职场规划，让你了解自己在职场中的优势劣势，化弊为利，营造良好的工作环境，洞悉身边同事的想法，摸透老板的心思，打造高效团队，成就非凡事业。

九型人格理论是一条爱情妙计，让你寻找到完美伴侣，看清楚自己的爱情处境，探究到对方真实的心理，了解恋人的需求，找到正确的行动方向，打造完美姻缘，拥有幸福生活。

九型人格理论是一个处世锦囊，让你通晓人性，了解自己和他人的行为动机及处世原则，改善个人性格和沟通方式，拥有更和谐且更有创造力的人际关系，助你在人际交往方面得心应手。

本书以浅显易懂的语言，描述了九型人格这种准确、科学、实用、系统的识人方法，详细分析了九型人格的基本原理，深入研究了九型人格运用的心理基础，详细解析了各类型人格的性格特征、发展层级、互动关系。通过阅读本书，你将在有效交流、了解上司、管理员工、打造高效团队、经营感情和婚姻、教育子女等方面应对自如，最终获得事业、爱情、交际上的成功。

目录

1

第三章
CHAPTER 3

2号给予型：施比受更有福

第四章
CHAPTER 4

3号实干型：只许成功，不许失败

第七章
CHAPTER 7

6号怀疑型：怀疑一切不了解的事

第八章
CHAPTER 8

7号享乐型：天下本无事，庸人自扰之

第一章
CHAPTER 1

走进九型人格的神秘地带

第1节
九型人格的渊源

解读神秘的九星图

"九型人格"的英文，来自于两个希腊词汇：ennea 和 grammos。ennea 是数字 9 的意思，grammos 则是尖角的意思，两个词结合在一起组成的 enneagram 就是 9 个尖角的意思，而"九型人格"的图表正好是一颗九角星。在九星图中，3、6、9 构成了一个等边三角形，昭示着三位一体的理念；而其他的 6 个点则两两相连，构成了一个不规则的六角形：这就形成了一个完整的九角星图。人们再根据早期对性格类型的分析，将 9 种不同的性格类型分别代入九星图中的不同数字位置，就形成了一个九型人格图。

在九型人格图中，我们把其中 3 号、6 号、9 号所代表的性格称为核心性格，而位于这三个核心角两侧的邻角，就被称为核心角的两翼，代表的是核心性格内化或外化的变异类型。换句话

九型人格图

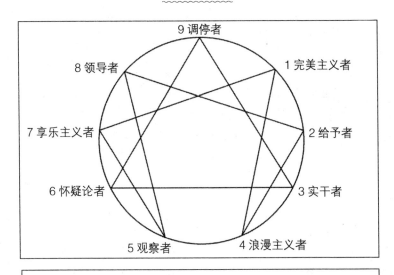

九型人格将人分成了完美型、给予型、实干型、浪漫型、观察型、怀疑型、享乐型、领导型和调停型九种基本人格类型，每个人都必然属于其中一型，且稳定不会更改。

说，两翼角的性格是由核心角性格发展而来的，其中潜藏着核心角性格的特质，并与之具有潜在的共同特点，如3号的两翼——2号和4号就与3号一样具有很强的想象力，6号的两翼——5号和7号则与6号一样多疑且充满恐惧心理。心理学家根据三种核心性格及其两翼的特征，进一步将九型人格分成了3个三元组。

九型人格的影响不断扩大

九型人格是一个确定人的本性、确定人的内心如何运作的工

1 情感三元组

遇事时的直接反应是源于情绪、感觉和感情的

核心性格
3号实干型

内化
4号浪漫型

外化
2号给予型

2 情感三元组

遇事时的直接反应是源于分析、了解和归纳的

核心性格
6号怀疑型

内化
5号观察型

外化
7号享乐型

3 情感三元组

遇事时的直接反应是用即时行动去解决问题

核心性格
9号调停型

内化
1号完美型

外化
8号领导型

需要注意的是，只有3号、6号、9号角的两翼是其内化或外化的表现，其他角的两翼则不存在这样的关系。不过，任何角的两翼同样会对中心角的性格产生影响，例如，4号性格既可能偏向5号性格，将所有的事闷在心里，也可能偏向3号，以积极亢奋的表现来掩盖内心深处的抑郁。

具。它能够帮助人们更好地认识自我、认识他人。借助九型人格，我们能够更好地洞察那些强烈的情绪，并且分析它们产生的原因。

　　九型人格的适用范围十分广阔，几乎每个领域都可以发挥它的作用。

教育

帮助我们了解学生心理和知识情况，从而更好地因材施教。

心理疗法

可用于分析病人的心理障碍，并指导我们的心理治疗。

商业

帮助人们全面了解他人的行为，从而更好地培养员工及单位领导的工作能力。

九型人格理论的适用范围

医药

不仅可以改善医患关系，还会使医生与医生之间的工作关系更加融洽。

法律

在案情的陈述、法庭辩论的展开、接受特定客户的委托、进行仲裁等方面，九型人格理论都能发挥它的作用。

销售

可以增强销售人员对客户的感染力，从而增加互动。

无论是在工作还是在生活的其他领域中，人类总是在探索并找寻增强自身人际交往能力的方法，九型人格理论就可以满足这一需求。

第2节
确定自己的人格类型

静下心来，做完九型人格测试题

古老的希腊庙宇上镌刻着哲人苏格拉底的名言——"认识你自己"，认识自己可以说是一个很古老的命题。下面我们就开始九型人格的测试，借此来了解我们自身与周围的他或她。在做九型人格测试题之前，你需要注意以下几点。

1.所有题目都要凭借第一感觉选择，不要权衡过多。这样忠实地记录，只是为了更好地了解你自己。

2.在你认为与你相符的陈述前面打"√"，注意遮住每个陈述后面的数字。

3.然后把你所选择的每个陈述后面的数字归类，例如，你选择中包括"1""12""15"这三项，而它们后面都是9，那么答案就是3个9。以此类推，你选的哪种数字最多，对照答案便能知道自己是九型人格中的哪一种。

4.数字最多的只是你的主要性格，还要参照其他较多数字所对应的人格类型，并阅读全书，获得更详细、准确的信息。

九型人格测试题		
1	我很容易迷惑。	9
2	我不想成为一个喜欢批评别人的人，但很难做到。	1

3	我喜欢研究宇宙的道理、哲理。	5
4	我很注意自己是否年轻，因为那是找乐子的本钱。	7
5	我喜欢独立自主，一切都靠自己。	8
6	当我有困难时，我会试着不让人知道。	2
7	被人误解对我而言是一件十分让人痛苦的事。	4
8	施比受会给我更大的满足感。	2
9	我常常设想最糟的结果而使自己陷入苦恼中。	6
10	我常常试探或考验朋友、伴侣的忠诚。	6
11	我看不起那些不像我一样坚强的人，有时我会用种种方式羞辱他们。	8
12	身体上的舒适对我非常重要。	9
13	我能触碰生活中的悲伤和不幸。	4
14	别人不能完成他的分内事，会令我失望和愤怒。	1
15	我时常拖延问题，不去解决。	9
16	我喜欢戏剧性的、多彩多姿的生活。	7
17	我认为自己的性格非常的不完善。	4
18	我对感官的需求特别强烈，喜欢美食、服装、身体的触觉刺激，并纵情享乐。	7
19	当别人请教我一些问题，我会巨细无遗地给他分析得很清楚。	5
20	我习惯推销自己，从不觉得难为情。	3
21	有时我会放纵自己，或做出僭越职权的事。	7
22	帮助不到别人会让我觉得痛苦。	2
23	我不喜欢人家问我涉及面广泛而又笼统的问题。	5
24	在某些方面我有放纵的倾向（例如，食物、药物等）。	8
25	我宁愿适应别人，包括我的伴侣，也不会反抗他们。	9
26	我最不喜欢的一种个性就是虚伪。	6
27	我知错能改，但由于执着好强，周围的人还是感觉有压力。	8
28	我常觉得很多事情都很好玩，很有趣，人生真是快乐。	7
29	我有时很欣赏自己充满权威，有时却又优柔寡断，依赖别人。	6
30	我习惯付出多于接受。	2

31	面对威胁时，我一边变得焦虑，一边对抗迎面而来的危险。	6
32	我通常是等别人来接近我，而不是我去接近他们。	5
33	我喜欢当主角，希望得到大家的注意。	3
34	别人批评我，我也不会回应和辩解，因为我不想发生任何争执与冲突。	9
35	我有时期待别人的指导，有时却忽略别人的忠告径直去做我想做的事。	6
36	我经常忘记自己的需要。	9
37	在重大危机中，我通常能克服我对自己的质疑和内心的焦虑。	6
38	我是一个天生的推销员，说服别人对我来说是一件很容易的事。	3
39	我不会相信一个我一直都无法了解的人。	9
40	我喜欢依惯例行事，不大喜欢改变。	8
41	我很在乎家人，在家中表现得忠诚而有包容心。	9
42	我被动而优柔寡断。	5
43	我很有包容心，彬彬有礼，但跟人的感情互动不深。	5
44	我沉默寡言，好像不会关心别人似的。	8
45	当沉浸在工作或我擅长的领域时，别人会觉得我冷酷无情。	6
46	我常常保持警觉。	6
47	我不喜欢要对人尽义务的感觉。	5
48	如果不能完美地表达，我宁愿不说。	5
49	我的计划比我实际完成的还要多。	7
50	我野心勃勃，喜欢挑战和登上高峰的经验。	8
51	我倾向于独断专行并自己解决问题。	5
52	我很多时候感到被遗弃。	4
53	我常常表现得十分忧郁，充满痛苦而且内向。	4
54	初见陌生人时，我会表现得很冷漠、高傲。	4
55	我的面部表情严肃而生硬。	1
56	我情绪飘忽不定，常常不知自己下一刻想要做什么。	4
57	我常对自己挑剔，期望不断改善自己的缺点，以成为一个完美的人。	1
58	我感受特别深刻，并怀疑那些总是很快乐的人。	4
59	我做事有效率，也会找捷径，模仿力特强。	3

60	我讲理、重实用。	1
61	我有很强的创造天分和想象力,喜欢将事情重新整合。	4
62	我不要求得到很多的关注。	9
63	我喜欢每件事都井然有序,但别人会认为我过分执着。	1
64	我渴望拥有完美的心灵伴侣。	4
65	我常夸耀自己,对自己的能力十分有信心。	3
66	如果周遭的人行为太过分,我准会让他难堪。	8
67	我外向、精力充沛,喜欢不断追求成就,这使我自我感觉良好。	3
68	我是一位忠实的朋友和伙伴。	6
69	我知道如何让别人喜欢我。	2
70	我很少看到别人的功劳和好处。	3
71	我很容易知道别人的功劳和好处。	2
72	我嫉妒心强,喜欢跟别人比较。	3
73	我对别人做的事总是不放心,批评一番后,自己会动手再做。	1
74	别人会说我常戴着面具做人。	3
75	有时我会激怒对方,引来莫名其妙的吵架,其实是想试探对方爱不爱我。	6
76	我会极力保护我所爱的人。	8
77	我常常刻意保持兴奋的情绪。	3
78	我只喜欢与有趣的人为友,对一些闷蛋则懒得交往,即使他们看起来很有深度。	7
79	我常往外跑,四处帮助别人。	2
80	有时我会讲求效率而牺牲完美和原则。	3
81	我似乎不太懂得幽默,没有弹性。	1
82	我待人热情而有耐性。	2
83	在人群中我时常感到害羞和不安。	5
84	我喜欢效率,讨厌拖泥带水。	8
85	帮助别人达至快乐和成功是我重要的成就。	2
86	付出时,别人若不欣然接纳,我便会有挫折感。	2

87	我的肢体硬邦邦的，不习惯别人热情地付出。	1
88	我对大部分的社交集会不太有兴趣，除非参加集会的是我熟识的和喜爱的人。	5
89	很多时候我会有强烈的寂寞感。	2
90	人们很乐意向我表白他们所遭遇的问题。	2
91	我不但不会说甜言蜜语，而且别人也会觉得我唠叨不停。	1
92	我常担心自由被剥夺，因此不爱作承诺。	7
93	我喜欢告诉别人我所做的事和所知的一切。	3
94	我很容易认同别人所做的事和所知的一切。	9
95	我要求光明正大，为此不惜与人发生冲突。	8
96	我很有正义感，有时会支持不利的一方。	8
97	我因注重小节而效率不高。	1
98	我容易感到沮丧和麻木更多于愤怒。	9
99	我不喜欢那些有侵略性或过度情绪化的人。	5
100	我非常情绪化，喜怒哀乐变化无常。	4
101	我不想别人知道我的感受与想法，除非我告诉他们。	5
102	我喜欢刺激和紧张的关系，而不是稳定和依赖的关系。	1
103	我很少用心去听别人的谈话，只喜欢说俏皮话和笑话。	7
104	我是循规蹈矩的人，秩序对我十分有意义。	1
105	我很难找到一种能让我真正感到被爱的关系。	4
106	假如我想要结束一段关系，我不是直接告诉对方就是激怒他让他离开我。	1
107	我温和平静，不自夸，不爱与人竞争。	9
108	我有时善良可爱，有时又粗野暴躁，很难捉摸。	9

测试结果

记录下你所得的数字：

"1" 共有（　　　　）个，对应 1 号完美型

"2" 共有（　　　　）个，对应 2 号给予型

"3" 共有（　　　　）个，对应 3 号实干型

"4" 共有（　　　）个，对应 4 号浪漫型

"5" 共有（　　　）个，对应 5 号观察型

"6" 共有（　　　）个，对应 6 号怀疑型

"7" 共有（　　　）个，对应 7 号享乐型

"8" 共有（　　　）个，对应 8 号领导型

"9" 共有（　　　）个，对应 9 号调停型

看准了，你的人格是哪一类

做完了以上的九型人格测试题，人们对于自己的主要人格类型有了结论。下面，我们就来看看九型人格各自都有着怎样的显著特点。

1 号严肃而认真，对工作和生活精益求精，追求至善至美。

严

序

1 号的各种东西都放置得非常有条理。

责

在工作上，1 号是最努力最有责任心的员工，也是一个不折不扣的工作狂。

洁

1 号可能喜欢穿白色衣服，他更可能有精神洁癖。

则

如果 1 号是一名领导，他会事无巨细，处处以身作则，对下属要求极高。

谨

1 号选择朋友和择偶一样严谨，对友谊和爱情都很忠诚，期盼对方也能一样。

追求完美的完美型

这就是 1 号的表情。他们永远稳重优雅，不会让自己的内心世界轻易地表露在脸上。

这就是2号的画像。总是面带温和暖人的笑容。

2

热心的给予型

暖 2号总是温和而友好，他们随时准备帮助别人。

好 2号小时候是乖宝宝、好学生，长大后会想尽办法讨好伴侣。

责 2号总是尽力让别人高兴，不为难任何人，而且很有责任感。

缘 2号人缘很好，是讨人喜欢的专家。

孝 2号孝敬父母，关心子女，对爱人无微不至。

实 3号有务实精神，他们不会将精力浪费在"无用"的地方。

3

利 3号对名利的专注程度在九种人中是最突出的。

追名逐利的实干型

3号会用不同的表情来面对不同的人，有时候难免让人觉得虚伪和做作。

赢 3号永远将事业放在第一位，因此经常被伴侣埋怨。

效 3号是名副其实的工作狂，务实的精神让其不会盲目行动，工作效率极高。

想象力丰富的浪漫型

4

郁 4号有一股忧郁的气息，让人难以捉摸又欲罢不能。

4号是天生的艺术家，表情最多变。4号生活得最自我也最真实，很少见到他们虚伪和做作。

创 4号想象力丰富，害怕束缚，自由和爱对其来说缺一不可。

幻 4号不喜欢现实生活中的种种虚假，常生活在自己幻想的世界中。

5

冷静客观的观察型

5号不喜欢与人交往，永远是一副深沉思考的表情，注重研究理论与事物而非人的行为与心理。

慎

5号性格沉稳，不轻易发表自己的言论，对不确定的事物总抱有审慎的态度。

理

5号和任何人交往都很平淡，认为距离是一种安全和尊重。

6号过分谨慎，常常因此裹足不前，但是他们超强的责任心能弥补这一缺陷。他们在生活上和工作上都希望能够得到强有力的保护和指引。

谨

6

谨慎严谨的怀疑型

6号总是一副研究的表情，通常难以相信任何人，他们甚至对自己也不信任。

6号总是怀疑别人，因此生活得战战兢兢，如履薄冰。

疑

7

及时行乐的享受型

7号的脸上永远洋溢着快乐，烦恼在他们的心里不会驻足太久。因为生命太短暂，要抓紧时间享受。

怪

7号惧怕承诺，担心因此失去自由，害怕承担责任。

乐

7号认为赚钱是次要的，懂得生活才是重要的。和任何人都能打成一片。

义 8号的正义感很强，愿意保护社会中的弱势群体。但是喜欢命令人。

8号的表情是严肃而有威严的。从小到大都有领导众人的魅力。

8

号令天下的领导型

护 8号认为爱他（她）就是要保护他（她）不受伤害。他们不善于表露感情。

协 9号最可能是上传下达的秘书，有很强的协调性。他们胸怀博大，很少和人争吵。

9

纵横捭阖的调停型

温 9号不愿意主动解决问题，喜欢抱怨。9号脾气温和，但是固执。

合纵连横，纵横捭阖，这是9号的强势。他们也许不是最厉害的，但是能将最厉害的人聚拢在自己周围。

第二章

1号完美型：没有最好，只有更好

第1节
1号完美型的性格特征

1号性格的特征

1号是九型人格中的完美主义者，他们眼中的世界总是有太多的不完美，心目中的自己也有很多缺点。他们希望能够去改善这一切。他们对完美的追求甚至达到了苛刻的地步，哪怕已经取得了99%的成绩，他们能看到的也只是那1%的不足，说他们是鸡蛋里挑骨头一点也不为过。他们的人生信条是："没有最好，只有更好！"

他们的主要特征如下。

1号性格的特征	
1	每件事都力求最佳表现，自我要求很高，喜爱学习和认识新事物。
2	遵守道德、法律、制度及程序，讨厌那些不守规矩的人。
3	希望比别人优秀，很爱面子，对他人的批评敏感，做决定犹豫不决。
4	很少赞扬别人，常批评别人的不好。

5	很难控制愤怒的情绪，但是一旦发泄怒气，内疚感也会随之而来，外冷内热。
6	善于安排、计划并且贯彻执行，做事效率高。
7	做事严谨细致，精益求精，事必躬亲，整天忙碌。
8	有时为工作而殚精竭虑，有时又尽情玩乐。
9	睡觉、起床、洗刷、吃饭、锻炼等活动像闹钟般准时且定量。
10	外表严肃，穿戴整洁，表情不多。
11	讲话直来直去，谈话主题常为做人做事，常用"应该、不应该；对、错；不、不是的；照规矩、按照制度"等词汇。

1号性格的基本分支

　　1号性格者因为一味追求完美而把自己的真实愿望给遗忘了，这种严格的自我控制使1号性格者具有了分裂的性格：一方面是个人真实的愿望被隐藏，另一方面是要做正确事情的愿望凸显。

① 情爱关系：嫉妒

1号理想中的爱情是完美无缺的，自己是对方的唯一，并因此经常监控伴侣的行动，并且对两个人之间的事情都斤斤计较，唯恐爱人不能全心全意爱自己。

② 人际关系：不适应

1号的人际现状常和自己心目中的理想情况不一致，因此容易感到困惑、挫折，对团体或者自己公然愤怒。

③ 自我保护：忧虑

1号自我保护的手段是常常担心自己做的事情不完美，会影响自己的形象，尤其担心自己犯了什么错误会让自己今后的发展受影响。

两种愿望的冲突将导致情爱关系上的嫉妒心、人际关系上的不适应感以及用忧虑情绪来进行自我保护的手段。

1号性格的闪光点与局限点

追求完美的1号性格虽然有很多优点，但同时也存在着一些缺点，那些闪光点值得去关注，而那些局限点则应该警醒。

下面我们分别对1号性格的闪光点和局限点进行介绍。

1号性格的闪光点	
勤奋和高标准	习惯用高标准来要求自己，一旦确定了某个目标，就要做到第一。
严谨细致	认为只有严谨细致，才能少走弯路、稳操胜券，严谨的工作态度会给他们带来巨大的收益。
做事井井有条	认为任何无条理或无秩序的事都是不可原谅的，因为工作有条理，所以办事效率极高。
重视道德和原则	非常正直，有强烈的道德感；坚守原则，面对大问题不会妥协让步。
改进问题的专家	目光精准，通常能够一眼挑出工作中需要改进的地方，指出后立即纠正。
天生的改革家	事业心比较强，有创新和改革的勇气，是天生的改革家。
有管理能力	追求高标准和高要求，会不断地进行标准和要求的变更设定。
富于建设性	对于被错误困扰、愿意改善自己的人，1号有百分之百的耐心和热情。
社会精英的摇篮	1号是九型人格中最有智慧的人，具有精确的判断力和旺盛的生命力。一旦改造或抑制了极端完美主义的性格，则很容易成为精英。

1号性格的局限点	
常陷入自我迷失	一味地关注和追求完美的外在标准，很少享受人生，常常陷入自我的迷失。

常破坏平衡与和谐	极力要求完美，必然会影响事业取得成功，而且家庭、人际关系等方面也会面临困境。
常忧心忡忡	总是担心会犯错，很在意他人的看法，冷静的外表下是忧心忡忡的恐惧。
顽固清高	想当然地认为别人的意见不如自己的，也显得过于清高。
嫉妒心强	以完美为坐标，在与自己较劲的同时还喜欢和他人一争高下，当别人比自己优秀时，会有强烈的嫉妒情绪。
好为人师	是个理想主义者，常主动纠正别人的错误行为，却不知自己每每留下好为人师的恶名。
好挑剔及缺乏体谅之心	对自己对别人都会相当挑剔，甚至对人出言讽刺。很少考虑别人的处境，常给人际关系带来阴影。
对他人缺乏信任，不善授权	关注事情的完美和每一个细节，事必躬亲，这种不善授权也使得其影响力不能发挥到最大。

1号性格者的发展方向

1号性格者的高层心境是完美。

处于低层心境中的1号性格者常以将理想转变成现实为使命，常常陷于比较当中，为现实与理想的差距而痛苦不堪。在他们的世界中，有且只有一条正确的准则，要么是对的，要么是错的。他们意识不到完美其实是有弹性的，周围的每件事情，包括他们自己，即使呈现出一些小瑕疵，本身可能已经接近完美了。也就是说，真正的完美主义者能够意识到：不必保持100%的完美，根据现实情况做到最好就是完美，要允许风险和错误的存在，因为这些风险和错误有时反而是通往接近完美的必经之路。

只有1号性格者接受自己不完善和不完美的本质，同时接受靠自己的力量永远无法达到全然的完美这一事实，他们才会发现周围的人和事物本身已经很完美了，只是自己有着一双过于挑剔的眼睛。

1号性格者的高层德行是平静。

不具备此种德行的1号内心常常充满愤怒，无法释放。他们想要发怒却又不允许自己发怒，发怒在他们看来也是一种不完美。他们对现实的不满越多，身体内积压的愤怒也就越多，这些愤怒会四处乱窜，所以允许自己适当发些脾气，对于他们身体内部的平衡将大有裨益。平静并非情绪的缺失，而是时刻对个人情绪保持知觉，让它自由出现，无论是好情绪还是坏情绪，只用心全然体会，而不去论断它们的好或者坏。平静意味着平衡，意味着正面和负面的情绪互相交织却又自由流动，1号性格者逐渐可以意识到所谓的负面情绪也并非不可以接受。

1号性格者只需让理性的自我退居幕后，不去执着于自己的标准，让各种情绪自然流动，这样他们就能获得一种平静的状态。

1号性格者的注意力常常围绕在自己心目中的那个完美标准上。

他们会自动参照这个标准来评判自己的思想和行为，并评判周围的世界。他们在做事过程中常会对每一个步骤进行检查，并确保自己在不断进步和提高。这个过程有时相当痛苦，因为他们可能感到自己永远无法达成完美的目标。

即使是普通人，有时也或多或少地会把自己的努力与完美的标准进行对比，但是1号性格者与之不同的是，他们完美的标杆永远矗立在那里，他们朝向完美标杆的行动将永不止步。

首先，1号性格者内心进行评判和比较的习惯已经根深蒂固了，他们首先需要意识到内心评判和比较所带来的痛苦；其次，他们需要积极地学习控制注意力的方法。当觉得自己达不到理想的标准之时，他们应该把注意力转移到中立和客观的立场上，用平衡和现实的观点来看待这一切，这样他们的痛苦就会少很多。

1号性格者的直觉来源于他们习惯关注的东西，他们常常发现生活中充满了错误，他们时常能发现完美的可能，并且会迫不及待地去改进自己，他们渴望着一个没有错误的环境。

当他们内心不再比较和评判时，他们就可能获得"感到正确"的直觉，在一个完全正确的解决方式面前，他们会显得异常放松，他们甚至会说："这一切是多么完美呀！"

第2节
与1号有效地交流

1号的沟通模式：应该与不应该

1号性格者追求的是心目中的理想和完美，因而在现实中他们常常不遗余力地强调某件事应该不应该做，应该怎么做或者不应该怎么做，这已经成为1号对外沟通的典型模式，这一点是我们应该认识到的。

车尔尼雪夫斯基说："既然太阳上也有黑点，人世间的事情就更不可能没有缺陷。"1号性格者在沟通过程中常常过于关注黑点而忽略黑点周围的光芒，这样的沟通模式常常会让周围的人感觉到压力，甚至选择逃避和离开他们。

我们要清楚1号的沟通模式背后的特点，虽然他们常常提出很多的"应该"以及"不应该"，但是他们的怒气是针对某件具体的事情而言的，并没有完全否定另外一个人的意思，这样在受到1号挑剔的时候，我们就能够很好地容忍和理解1号的过度挑剔了。

观察1号的谈话方式

1号注重完美，关注自己心目中的标准和周围事物的差异，他们难以忍受周围的事物不在正常的轨道上边运行。一方面，他们的严谨和认真会让事物的运行朝着更加美好的方向发展，但另一方面，他们却也可能给周围的人带来很大的压力。

下面，我们就对其谈话方式进行一个简单的说明。

1号性格者的谈话方式	
1	直来直去，不讲情面、不拐弯、一针见血，直接谈及问题核心。
2	不幽默，不做作，不喜欢噱头，常常是以实际问题为导向。
3	话语简洁而有力，通常指令清晰、干脆利落，没有拖泥带水、模棱两可的词句。
4	喜欢直接沟通，谈话方式沟通效率很高，这样可以消除很多不必要的误会，也不用挖空心思去判断说话者的意思，有疑问也可以直接求证。
5	谈话主题常常为做人做事，而且常用"对／错、应该／不应该、必须／否则、按照规矩／制度／规定／流程／原则"等词汇来表明做人做事的原则标准是什么。

总之，这样的谈话方式可以让人感受到1号严肃的人生态度，坚守原则和真理的美德，而且这样态度分明也可以让听话人清楚1号的直接意图是什么，但是这种方式如果用得过多，常常会让人觉得1号太刻板，而且好为人师的唠叨和说教也会让人抓狂，他们的强势态度也常常会引起一些矛盾和冲突。

读懂1号的身体语言

进化论奠基人达尔文说："面部与身体的富于表达力的动作，极有助于发挥语言的力量。"

当人们和 1 号性格者交往时，只要细心观察，就会发现 1 号性格者会发出以下一些身体信号。

	1号性格者的身体语言
1	1号是追求完美和卓越的一个群体。1号的身体语言完全追求文明，他们男人是绅士，女人是淑女或贵妇人，他们的身体语言常常也会显出比较高雅和严肃的感觉。
2	目光专注而坚定，一般先注视对方眼睛，然后打量全身，再回到眼睛上。他们给人一种似乎总是在挑毛病的凌厉感觉。
3	生气时会脸色阴沉，沉默不语，给人以压迫和紧张的感觉。
4	常摆出硬挺的姿势，行走坐卧中规中矩，体态端正，从不东倒西歪，而且可以长久保持同一姿势不变。
5	面部表情变化比较少，严肃，笑容不多，常常只是微笑。
6	他们认为手足乱舞、眉飞色舞是无礼和粗鲁的表现，是完美的自己所不应该表现出来的。
7	如果别人和1号交往的时候手舞足蹈，他们会很不舒服，觉得面对的是一个素质不高而且态度也过于随意的人。
8	着装整洁得体，男性干净利落，女性端庄严整。

通过 1 号的身体语言我们可以更多地了解其追求完美的本性。我们和他们交往的时候，应该避免身体语言过于丰富，这样才能更好地和他们进行沟通。我们应该知道他们的原则：绅士的交往者应该是绅士，淑女的同伴也应该是淑女。

和 1 号交谈，要重理性分析

1 号重视原则和真理，他们对于事物的看法常常是出于理性而不是感性的。他们对于说话的对象欣赏的品质常常是理性。因此，和 1 号进行沟通的时候，一定要重视理性分析，而不要和他们云里雾里地谈你的人生感受，或者逻辑混乱地去谈论某件事情。你这样去做的话，常常会让他们感到厌烦，你们的沟通也不会愉快。

所以，如果想要赢得1号的信任，必须注重理性分析，而不能一味强调感性感觉，在此基础上才能获得他们的肯定、认同和信赖。

1号对人的信任可以分为三个层次

第一个层次 是认知信任	第二个层次 是情感信任	第三个层次 是行为信任
1号重理性、重分析，因而偏好强调事实和逻辑的沟通手段。	在和你交往过后，你提供的信息和事实符合他的要求，便可能形成对你在感情上的信赖。	对你有了足够的认同后，行为信任才会形成，其表现是持久的关系和重复性的交往。

第3节
1号打造高效团队

1号的权威关系

1号在权威关系中的关键问题就是完美。他们如果是下属，就希望有完美的领导；如果是领导，就喜欢完美的员工。他们的权威关系主要有以下特征。

	1号权威关系的特征
1	1号希望能找到一个完美的权威领导式的人物，当遇到这样的领导时，他们会做一个追随者。
2	心目中的领导权威是有前瞻能力并且追求公平和高效的领导。
3	如果领导没有明确的方向和目标，那么1号会感觉到重重隐藏的危机。
4	如果领导的政策和他们的理想有偏差，他们会不自觉地抱怨。
5	1号习惯服从于权威的惯例。如果朝令夕改，他们会感到无所适从和心烦意乱。
6	一般不会公开直接地反对权威，会抱怨一些并不直接相关的错误。他们的抱怨是间接的，真实的意图可能没有显露出来。
7	有时候，如果1号认为自己的想法是绝对正确的，又会敢于和领导据理力争。
8	1号上司喜欢用明晰的职责作为标准来管理团队以及指导员工的行为。

9	一旦员工出现与其标准不一致的情况，则立刻会用"应该"与"不应该"来教导员工。
10	对工作的过程、结果以及细节都有很高的要求，一定要尽善尽美。
11	工作认真、严肃，很少在工作时间开玩笑或表现出有私人关系的感觉。
12	对工作中的规矩和程序极为重视。

1号制订最优方案的技巧

在制订战术方案时，1号往往有着以下一些特点：

1号制订战术方案有自己的独特优势，但是，他们确实也应该注意规避这些常见的战术制订的误区，那样他们的战术方案将更加科学和符合实际，他们才可以获得最大的成功。

制订战术方案时 1 号的特点

重视战略的同时重视战术	犹豫不决
1号制订战术时，可能会和战略大方向有偏差，他们会集中精力地做所谓正确的事，却把企业存在的意义和崇高愿景给忘了。	1号在制订具体战术的时候常常犹豫不决，原因在于追求完美，以至于不敢放开手脚。
不善于发展群策群力	过度理性
1号太坚持自己的看法，不善于发展群策群力。甚至认为向其他人求救是无能的表现。	1号喜欢从理性和逻辑的角度去进行分析和策划，但是他们较少考虑到实践中充满变化和格局的调整。

1号目标激励的能力

一般来说，1号目标激励的能力主要有以下特征。

① 善于发挥榜样的力量

1号领导常常先把一切安排得井井有条，设定一个奋斗的方向，并且设定达成这一目标的时间表和具体安排。他们常常是身先士卒，全力投入，带动他人一起努力奋斗。

② 忽略团队成员的想法

1号常常是一个人安排工作的流程和标准，所以会忽略其他成员的想法。1号如果可以召集自己的团队进行讨论，令他们的想法能够在工作当中体现出来，则他们的工作积极性也会有较大的提高。

③ 常常忽略对员工的激励

1号常常有很多的要求，会经常批评员工，过度关注事情的发展和标准而给别人的内心造成伤害。他们要转变思维，考虑别人的优点，并且进行及时和真诚的赞美，这样能极大地鼓舞士气。

④ 需要更多地关心员工的生活

1号常常关注员工的工作表现，而忽视员工的实际需求和日常生活。他们认为工作就是工作，生活就是生活，所以只关注员工在工作中的情况，而很少去关注员工生活当中有什么地方需要帮助。

1号打造高效团队的技巧

领导的首要任务是构建和打造自己的高效团队。1号打造高效团队时，下边的一些方面是需要加以注意的。

1号打造高效团队时需注意的方面	
高效团队的建设者	1号追求完美的工作表现，其领导建设的团队，每个人都可以有其责任和角色，为实现1号设定的目标而持续努力。
科学流程的设定者	1号常常能看到团队及工作中的不足和可以改进的地方，并为此不断设定更科学的工作流程。
常常过度批评	1号在团队执行任务过程中，常常有过多的批评，以至于可能打消团队成员的积极性。这是1号领导应该反思的方面。
需要大力授权	1号常认为别人不会像他那样尽心尽力，所以常承担过多的工作，团队成员的锻炼也会比较少。1号必须懂得分权和跳出工作细节的藩篱，这样领导能力才能有大的提高。
偏爱偏信	1号喜欢和自己的风格一致的人，对于他们的缺点有时视而不见，这样会让团队内部产生不满和分裂，这一点值得1号注意。
需重视休闲和娱乐	1号的管理风格是追求"工作狂"式的工作。1号应该正确看待休闲娱乐的积极作用，而且自己也应该创造条件和机会去休闲和娱乐，这样团队的发展也会更加健康。

第 4 节
最佳爱情伴侣

1号的亲密关系

1号在亲密关系中，常常有着完美主义的倾向。在他们的心目中，自己是完美的，自己的爱人也是完美的，他们俩是白雪公主和白马王子般的完美。

而现实常常不尽如人意，他们会发现自己和对方都不是那么完美，这个时候他们常常会出现一些问题，无法接受不完美的自己和对方。

一般来说，1号的亲密关系主要有以下一些特征。

	1号的亲密关系具有的特征
1	希望和爱人一致，共同为美好的生活努力，一起进步。
2	难以接受不完美的伴侣，常常会苛求对方，给对方造成很大的压力。

3	他们认为自己不优秀的话，对方可能会离开自己，所以常常会掩藏自己的缺点。
4	他们更多的是挑剔伴侣，很少主动赞赏自己的爱人和甜言蜜语。
5	会因为小事而发怒，常常会给伴侣造成伤害。
6	很容易吃醋，经常监控伴侣，希望爱人对自己忠贞不贰。
7	有强烈的控制欲，想要伴侣按照自己的想法去做，不然就会闷闷不乐。
8	缺乏生活情趣，不喜欢热闹的场合，也不喜欢休闲娱乐。

1号爱情观：要么完美，要么毁灭

1号的爱情观常常是典型的二分思维，在他们的世界里，非黑即白，爱情要么是完美的，要么就是毁灭的噩梦。

当爱情事事顺心时，1号常觉得一切都是那么完美，一切都是那么激情澎湃，他们的内心充满阳光。自己是完美的，自己的爱人是完美的，一切都是完美的，他们会难得地宁静，他们会想："这样多好啊，这不正是我期待的爱情吗？"

当爱情和设想的不一样时，他们常常会觉得天似乎塌下来了一样。他们会觉得事情不应该是这个样子的，一切都和自己的理想差得太远了。他们会掉进抱怨的旋涡，他们要毁灭这一切不完美，他们痛苦和愤怒，觉得自己就像在地狱中受苦一样。

事实上爱情是没有完美可言的，完美的爱情只会在理想中存在，生活中的爱情处处都有遗憾，这才是真实的人生。因为不断追求那所谓的完美而苦恼，可能会留给我们更多的遗憾。

俗话说："金无足赤，人无完人。"爱情确实有许多不完美之处，每个人都会有这样那样的缺憾。真正完美的人是不存在的，即使是中国古代的四大美女，也有各自的不足之处。道理虽然浅显，可1号在真正面对自己和爱人的缺陷、生活中不尽如人意的事之时，却又总感到懊恼、烦躁。

对爱人要学会赞扬和鼓励

1号爱人最不善于甜言蜜语，他们对自己的爱人常常施以批评和指教，所以做1号的爱人是很累的，因为他们总是能看到你的不足，让你对自己的评价永远不能达到一个满意的高度，这一方面会促进你的进步，但是另一方面却也使得你内心渴望肯定，渴望获得满足和赞扬。特别是在你脆弱的时候，如果1号依然是冷酷无情地指出你的缺点，那么你的内心会觉得生活太单调，爱人太无情，慢慢地，你们的感情可能也会走进黑暗的角落。

在爱情当中，甜蜜的赞扬和鼓励是必不可少的。生活当中很多人已经受够了外界强压在自己内心上的各种标准，他们回到家里，绝不希望有这么一个人，用着一个更为严格的标准要求自己，这种无形的压力会让他们厌烦这种关系。

家庭不是讲究对错的场所，清官也难断家务事，家庭当中不应该一味地去追求事情的正确性和唯一的标准。家庭中最关键的是营造一个和谐的家庭氛围，家和万事兴并不是一句空话，凡是在家庭生活中能够感觉到满足的人，往往都能够更加开心、更加快速健康地发展。

罗勃·杜培雷1947年开始学习销售，他销售的是保险，但不管他多么努力，事情都没有好转。他有点忧虑——对没有卖出的保险感到担忧。他紧张而痛苦，最后，他觉得必须辞职以免精神崩溃。

但是桃乐丝——他的太太，不允许他这样做，坚持认为这只是个暂时的挫折。"下一次你将会成功，"她不断地告诉罗勃，"不要担心，罗勃，你具有这种能力，我知道你有办法成为一名成功的推销员。你只要努力，就一定能够办到！"桃乐丝还不断地赞美罗勃的美好气质，指出他具有适于推销工作的很多天赋才华。

罗勃深深地感受到了妻子对自己的信心，决定坚持下来，自己也越来越信任自己了，他最终成了一名优秀的推销员。

作家普瑞西拉·罗伯逊在《竖琴家》杂志上为爱下过这样的定义："爱，就是给你爱的人他所需要的东西，为了他而不是为了你自己。"1号关怀自己所爱的人，就需要肯定和鼓励爱人个性化的存在，为他们的成长创造自由和温情的气氛，这些都是1号想要学会爱所应持的态度。应该给自己的爱人更多的赞扬和鼓励，而赞扬和鼓励，对自己的爱人则有着一种神奇的魔力。

第三章

2 号给予型：施比受更有福

第1节

2号给予型的性格特征

2号性格的特征

在九型人格中，2号是典型的助人为乐者，他们时刻关注他人的感受及情绪变化，习惯主动采取行动帮助、关爱他人，以满足他人的内心需求；也会应他人要求改变自己的言谈举止，以迁就对方。也就是说，在2号的眼里，他人的需求比自己的需求更重要，为了满足他人的需求，他们能够牺牲自己的一切。这种极端的利他主义者其实潜藏着极端的利己主义，2号是想以帮助他人的方式来掌控他人，以换取他人的认同，因此，一旦2号的帮助被拒绝，他们就会觉得自己不被认同，从而认为自己没有存在价值，总是痛苦万分。

2号的主要特征如下。

	2号性格的特征
1	外向、热情、友善、快乐、充满活力。
2	有爱心，有耐心，喜欢结交朋友，并且乐于倾听朋友的心声。

3	感受能力特别强，敏感而细心，能够在一瞬间看透别人的需要。
4	对他人关怀备至，懂得赞赏别人，体谅别人。
5	懂得如何讨人欢心。
6	争取得到他人的支持，避免被他人反对。
7	重视人情世故，懂得礼尚往来。
8	重视人际关系，如果遭遇人际冲突或被批评，会感到不安。
9	爱打听别人的私事，常常不自觉地侵犯他人的隐私。
10	为自己能满足他人的需要而感到骄傲，认为自己是一个重要的人。
11	常常为了满足不同人的需求而扮演不同的角色，容易使自己困惑："哪一个才是真正的我？"
12	不清楚自己真正想要的是什么。
13	朋友很多，人缘很好，但常常忽视家庭生活。
14	对"成功的男人"或"出色的女人"十分依恋。
15	渴望自由，感到自己被他人的需求所束缚，却又难以摆脱。
16	看淡权力和金钱。
17	认为自己很有魅力，很性感。

2 号性格的基本分支

　　2 号过于关注他人的需求，而忽视自己的需求，当他们想要关注自己需求的时候，常常会产生困惑，看不清自己的需求。这时，他们就想要将自己投放到他人身上的注意力收回来，转移到自己的内心中来。然而，根深蒂固的付出性格阻碍了他们追求自由的行动，于是他们的内心就处于矛盾之中：到底该满足自己的需求还是满足他人的需求？这种矛盾心理突出表现在他们的情爱关系、人际关系、自我保护的方式上：

① 情爱关系：诱惑、进攻

2号希望获得他人的认可，会以满足他人需求的方式去诱惑他人认同自己。2号的进攻性主要表现在常常不顾对方愿意与否，主动为其提供帮助，或是克服困难，争取接触机会。

② 人际关系：野心勃勃

2号喜欢与强势人物交往，他们总是为"成功的男人"或"出色的女人"所倾倒，并希望通过帮助这些强势的人物来提升自己的社会地位。

③ 自我保护：自我优先

2号在帮助他人时往往把自己定位在比他人高的位置。因此，当2号的需求与他人的需求相冲突时，2号只会自我优先。

2号性格的闪光点与局限点

九型人格认为，2号性格者虽然有很多优点，但同时也存在着一些缺点。

下面我们分别对他们的闪光点和局限点进行介绍。

2号性格的闪光点	
富于爱心和奉献精神	想把自己的爱无条件地奉献给别人，尤其对弱势群体，肯发挥完全奉献精神以及付出劳力。

站在他人立场看问题	很容易接受别人，能站在别人的立场去看、去想、去听，愿意对他人付出爱、关心和赞美。
及时洞察他人的需求	有较强的识人能力，很容易感受到别人的需要。
善于倾听他人的心声	懂得倾听别人的心声，因而能更好地理解他人的需求，使问题更容易解决。
容易赢取人心	重视人际关系，有很强的适应能力和社交能力，能够适应各种环境，能与各种人打交道。
擅长营造关爱的氛围	最擅长运用自己的热情和个人魅力来打造融洽并充满关爱的企业氛围，会做出很多关心他人的事情，来获得他人的尊敬和认同。
权力追随者	有极强的控制欲，喜欢结交权贵人士，善于发现潜在的胜利者，能够占据恰当的位置，成为领导者在制订策略和行动时的助手。
幕后的支持者	追求权力并不谋求个人的经济得失，而是为了满足他们内心得到别人尊重的需要。即便拥有领导者的才能，也不愿意当"老大"，而倾向于扮演"老二"的角色。

2号性格的局限点	
容易忽视自己的需求	忙着满足他人需求的同时，常常忘记自己的需求，因此自己的时间和资源总是会严重透支。
期望对方的回应	帮助别人不一定要求对方有所回报，但一定有所回应，认同他们的行为，否则会很沮丧，同时又会加大投入，以期得到更多的回应。
迎合他人而失去自我	希望每一个人都喜欢自己，因此会根据不同的对象来演绎出不同的自我，最后自己也弄不清自己的本来面目。
惯于恭维和讨好	擅长赞美他人。在任何场合、对任何人都可以把赞美挂在口头的表现却会让人认为他们不诚实、圆滑、过度恭维和讨好。
以有无价值区分人	常会以有无交往价值来看待对方。对于"有价值"的人，会施展自己的能力，巧妙地利用；对于"无价值"的人，则鲜于关注。
用爱来控制他人	遵循"先付出后收获"的原则，希望用爱来束缚你，使你自觉地知恩图报。
过于注重人际关系	擅长人际交往，"对人不对事"的方式容易阻碍自己和他人的发展。
为他人花去大量时间	将自己的大部分时间都花在他人的身上，很大程度上阻碍了自身的发展。

| 忽略家庭生活 | 忽略在家庭中应尽的责任，容易激发或恶化家庭内部矛盾，不利于家庭的和睦。 |

2号的注意力

2号性格者的注意力常常围绕在那些他们认为值得关注的重要人物身上，因为他们希望自己能引起对方的注意，赢得对方的关爱。

从表面上看，2号会关注他人所关注的。他们会注意到什么话题让对方露出笑容，什么话题让对方皱起眉头，然后尽量选择对方感兴趣的话题以示讨好。但是从内在来看，2号往往会在没有获得任何外在线索的情况下，就主动改变自己的形象。当他们的注意力被吸引时，他们就会想象对方的内心愿望，并根据这种愿望来打造自己，让自己变成对方心中理想的原型。

2号性格者的注意力总是放在他人的需要上，他们忽视了自身的需要。从心理上来看，他们是在通过帮助他人去实现一种他们自己可以接受的生活，让内心被压抑的需求得到满足。心理治疗可以帮助2号发现他们自己的需求，让他们找到一个稳定的自我，不再根据他人的需要而改变。

在注意力练习中，2号可以尝试把注意力放在与自身相关的某个方面。通过训练，他们能够发现坚持自己的感觉与关注他人的感觉是不同的。

第2节
与2号有效地交流

2号的沟通模式：总是以他人为中心

2号是一个非常重视人际关系的人，他们在与人相处时能够很好地表现自己。在你与2号沟通时，他们往往会很快聚焦到你的需要上，并在沟通中根据你的反应来调整自己的行为。

但是，2号是不擅长谈论自己的。当你与2号沟通时，你总会发现，本来是谈2号自己的事情，结果谈着谈着就谈到你身上来了。如果你和他们说话，在整个过程中他们多半是在谈你或别人。即便你试着把2号的思维拉回到他们自己身上，谈着谈着，他们又不自觉地开始谈论起你或者他人了。总之，2号因为不关注自己的需求，在谈话中总是不怎么提及自己。

也许，你也有过这样的感受：当自己处于明处，对方处于暗处，自己表露情感，对方却讳莫如深，不和你交心时，你会感到不舒服，对这个人也不会产生亲切感和信赖感。而当一个人向你表白内心深处的感受时，你会觉得这个人对自己很信赖，而你也无形中和他会一下子拉近了距离。

而对于2号性格者来说，他们习惯在与人交际时隐藏自己，只谈生意等与自己无关的东西，往往给人以一种难以接近的感觉，也就难以获得他人的信任。因此，2号在与人沟通时，不妨试着将注意力转移回自己的身上，适当抛出一些自己的个人信息，往往能激起他人的心理共鸣，也就找到了你们的共同话题。一旦有了共同话题，彼此的交流便能得以加深，彼此的信任感就会迅速增强，彼此的关系就会更稳固。总之，2号如果懂得适时表现自己，对自己是有益无害的。

观察2号的谈话方式

2号是一种非常重视人际关系的类型，他们在与人相处时能够快速地赢得他人的好感，拉近彼此的关系。单从2号的谈话方式上，人们就容易感到一种被呵护的温暖，也容易对2号产生一种感激心理，愿意和2号交谈。

下面，我们就来介绍一下2号常用的谈话方式。

2号性格者常用的谈话方式	
1	关注他人的需求，并尽力满足他人的需求。人们常会从2号口中听到这样一些词：你坐着，让我来；不要紧，没问题；好，可以；你觉得呢？这类语言总是让人有一种很舒服的感觉。

2	2号的基本恐惧是不被爱，不被需要，因此他们常常感到没有安全感，会不断地向他人索取赞美或认同。
3	在和他人聊天时，2号为了赢得他人的认同，往往对他人的观点表示认同，先满足对方的认同心理，因此他们常说："你说得对啊。""就是啊。"
4	在和人相处时，即便被对方惹怒，2号一般都会否认自己有不好的情绪。比如，如果你问面色不佳的2号"你生气了？"2号会肯定地回答："没有，怎么会呢？"
5	当2号感到自己被背叛时，会变得暴躁起来，态度也会变得强硬，会用命令的口气说话："你，去给我倒杯水。"

读懂2号的身体语言

当人们和2号性格者交往时，只要细心观察，就会发现2号性格者会发出以下一些身体信号。

2号性格者的身体语言	
1	喜欢穿深色服装，款式也讲究简单大方，因为大众化的服装容易得到他人的认同。
2	脸上总是洋溢着亲切的笑容，其友善的态度、主动开放的气质，给人一种亲人般的、知心的、一见如故的温馨感觉。
3	眼神总是流露出一股充满关爱的灵光，而且身体会下意识地向前倾。
4	在与人相处的过程中，身体总是有意无意地靠近对方，但不会让人觉得有压迫感或不舒服。2号人格者总是能够找到那个黄金位置，给人一种体贴、关怀的感觉。
5	会时刻留意身边人的感受和需要，并非常及时地在对方未开口之前便采取行动给予满足。
6	2号是感性的，因此他们很容易把喜怒哀乐写在脸上，也正是因为他们的直接情绪表现，他们很容易与他人在情绪上产生共鸣。

| 7 | 不擅长关注自己，因此喜欢用暗示性语言表达自己的情感；因为他们具备敏锐的观察力，能很快觉察到对方暗示性的情感表达，但有时候也可能觉察不到位或暗示不到位造成双方误会。 |

适时拒绝 2 号的帮助

2 号性格者在帮助别人时，往往是从自己的立场出发，站在自己的角度来推测他人的需求，因此，他们常常会遭遇"好心办坏事"的尴尬。而作为被帮助者，别人也往往是有苦难言：一方面他们难以招架 2 号帮助他人的热心肠，一方面他们又确实不需要 2 号的帮助。

为了顾及 2 号的面子，不伤及 2 号的自尊心，人们又不应直接拒绝，而要尽量采取婉转拒绝的方式，既要表明对 2 号提供帮助的感激，又要让 2 号觉得收回他们的帮助其实是更好的一种帮助。

一般来说，人们拒绝 2 号的帮助时可采取以下几种委婉的拒绝方式。

婉拒 2 号帮助的方式

巧妙转移法	幽默回绝法	肢体表达法
先给予对方赞美，然后提出理由，加以拒绝。	幽默地拒绝 2 号的帮助，是希望对方知难而退。	如果难以开口拒绝，就巧妙使用肢体语言。一般而言，摇头代表否定，微笑中断也是一种拒绝的暗示。

总之，委婉拒绝 2 号的帮助不仅是一种策略，也是一门艺术，只有做到这点，才能避免自身的损失，也在一定程度上促使 2 号更清醒地看待他人的需求，从而促进他们的自我提升。

与 2 号建立起私人感情
2 号比较感性，只有与之建立深厚密切的私人感情，彼此之间的关系才会比较稳固。

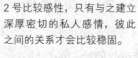

与 2 号性格者的交往之道

及时感谢 2 号的帮助
我们对 2 号表示谢意时，尽管常常会遭到善意的拒绝，但感谢仍然是必不可少的。

适时拒绝 2 号的帮助
当 2 号提供的帮助与我们相违背时，适时拒绝，才能让彼此都不受害。

直接说出自己的需求
在寻求 2 号的帮助时，最好要直接说出自己的需求。

第3节
2号打造高效团队

2号的权威关系

在2号性格者看似无私付出的背后,隐藏着2号对于权力的渴望。他们深知,获得权力,是满足他们自身操控欲的最基本前提。

一般来说,2号的权威关系主要有以下一些特征。

	2号权威关系的主要特征
1	2号性格者是权力的追随者,会以种种方式去满足当权者的需求,以讨得当权者的欢心。
2	2号非常善于根据当权者的喜好来改变自己。
3	虽然2号也具备领导者的能力,但更喜欢扮演宰相,这个位置让他们更有安全感。
4	2号具有敏锐的识人能力,并懂得投其所好,在幕后出谋划策,扮演好帮手的角色。

5	通过维护权威，2号不但确保了自己的未来，也获得了他们想要的爱。
6	2号非常在意权威的表态和意见。对他们来说，最大的利益就是永远位于当权精英的核心关系内。
7	2号十分注重人际交往，也擅长处理人际关系，总是能够融入团队的主流中，在团队中拥有较大的影响力。
8	2号希望人人都喜欢自己，很少会选择不受欢迎的位置，除非这个位置背后有一个更强大的权力集团。
9	2号善于观察他人的需求，能轻易分辨出哪些人物是需要精心对付的，哪些人物是不用浪费时间去应对的。

2号制订最优方案的技巧

作为一个团队的领导者，2号能轻易地看到团队成员的个人需求，并努力给予满足。

在他们看来，领导者应该被这样解释："我的任务就是评价每个团队成员的优点和缺点，然后鼓励和推动人们为实现公司的目标而不断努力。"

在2号看来，为公司目标努力的过程其实就是为自我目标努力的过程，一旦公司目标实现了，人们的个人目标也容易被实现。

在制订方案时，2号往往有着以下一些特点。

预测能力强	重视权威性
2 号善于观察他人的需求，面对众多方案时，经常能预测出哪一个方案将被欣然接受，哪一个方案将会遇到阻力。	2 号习惯把注意力放在方案制订的权威结构上。但是，他们不愿受人操控，因此并不总是遵守正式的方案制订结构。
更喜欢影响方案	易受他人影响
2 号不喜欢主动制订方案，而是喜欢在了解其他人的方案的基础上，再提出自己的意见，这样的意见往往操作性较强，容易赢得大家的称赞。	2 号在制作方案时，非常关心权威人士和他们所喜欢和敬重的人的反应，同时也关心那些下属的反应。

运用理性和本能

2 号在制订方案时，不仅能充分利用直觉，也懂得利用理性和本能，从而更加全面地制订方案。

2 号目标激励的能力

在一个团队中，2 号性格者往往有着较大的影响力，因为他们通常善于帮助每一位员工共同关注组织、团队和个人目标的交叉融合，并让彼此达成共识，成为一体。也就是说，2 号具有较强的目标激励的能力。

一般来说，2号目标激励的能力主要包括以下几点。

① 激发他人的潜力

2号察觉力强、直觉敏锐，喜欢为他人提出很多有用的点子，这些方法经常能激发出他人的最佳状态，很好地达成目标。

② 用认真的态度影响他人

2号为了赢得他人的认可和赞赏，能够认真做事，关注事物发展的方方面面，能出色地完成任务。而且，这种认真做事的态度会影响他人，共同进步。

③ 关注他人也关注目标

2号总是对他人的个人需求很敏感，同时，2号要注意用同样的注意力关注工作目标。这有利于培养他人独立工作的能力，也能减轻你的负担。

④ 及时了解情况并反馈

2号不仅要了解他人的工作状态，更要了解其个人状况，这样才便于及时做出反馈，引导他人向有利于他们自己也有利于团队发展的方向前进。

⑤ 不要透支你自己

2号每天忙着满足他人的需求，常常累得筋疲力尽。因此，2号应给予自己充足的休息，储备精力，才能出色地完成任务。

总之，2号要懂得有选择地帮助他人，适当拒绝他人不合理的要求，适当放松自己，才能真正提升自己的目标激励的能力。

2号打造高效团队的技巧

在打造一个高效的团队时，2号喜欢把注意力放在以下三个方面：评定、激励、专业化训练团队成员；打造正向、积极的团队文化；发展恰如其分的组织流程以完成工作任务，不让员工创造力和主动性有所下降。这是因为，2号相信，当这些因素具备时，团队就会有高质量的产品和服务。

一般来说，2号喜欢采取以下一些方式来打造高效团队。

2号打造高效团队时需注意的方面	
增进团队成员彼此间的了解	2号在创建团队时就让团队成员发展出相互信任和相互支持的人际关系，团队成员一起工作，能形成一个高效率的工作组织。
积极地鼓励成员	2号喜欢为他人带去积极的情绪。在公众场合，2号不会对任何人说消极的话。
承认自己的领导力	无论是对团队成功还是对2号个人的职业成长来说，2号都必须增强自己的领导意识，敢于承认自己的领导力。因此，2号要学着当众安排，注意避免那些减少自己领导职责的方式方法。
不要陷入细节工作	要打造一个高效团队，2号首先要有领导意识，适当拒绝他人的求助，不要将自己深陷细节工作中，而忽略了团队的大框架。
做好阶段性规划	2号缺乏阶段性规划的思维。而做好阶段性规划，能给予团队成员更清晰化的目标，会让他们更有效地工作，也可以减少彼此间不必要的依赖。

总之，2号要想真正满足自己的操控欲，就要凸显自己的领导地位，让团队内的人和团队外的人都能看到2号像个领导者而不是工作者，从而能够更好地调控团队内部力量，打造一个高效的团队。

第4节

最佳爱情伴侣

2号的亲密关系

2号以他人的需求为先，时刻期望他人的认同和赞美，因此，2号总是以活泼、精力充沛的面貌，敏锐地探测着他人的需求，一旦发现他人的需求，就会把全部的热情投入到情感关系中。

一般来说，2号的亲密关系主要有以下一些特征。

	2号的亲密关系具有的特征
1	喜欢具有挑战的两性关系，目标总是有点距离感、无法轻易得到的人，因为追求这样的人让2号很兴奋，容易激发2号的潜能。
2	容易被充满障碍、无法开花结果的情感关系所吸引，这样就不需为对方付出过多。
3	容易被一些外表卓尔不凡的"人物"吸引，喜欢接近那些"成功的男人"或"出色的女人"。
4	认为性和吸引就等同于爱。
5	害怕被拒绝，因此常常主动出击，希冀用自己的付出换取他人的信赖，如此便可拥有安全感。
6	会借助突然的放声大笑、极度活跃的表现，或者挑逗调情来掩盖自身的不安全感。
7	喜欢迎合自己喜欢的人，根据对方的喜好来改变自己，以吸引对方。

8	以表现尊卑及服务别人来操纵关系，想占有别人生命中不可取代的位置。
9	和伴侣的关系确定后，对方可能会发现2号真正的性格，更可能发现2号不是自己喜欢的类型，从而引发分手。
10	容易与伴侣融为一体，在精神上为对方承受很多压力，乐于分享对方的成就。
11	当花在伴侣身上的心思不被体察时，会有过度的情绪反应，比如，埋怨、愤怒、指责等，目的在于竭力激发对方产生内疚感，给予自己期望的回报。
12	和伴侣的关系稳定后，就会对伴侣产生极强的依赖感，常常让伴侣喘不过气来。
13	和伴侣关系稳定后，2号会逐渐发现：自己为了讨好伴侣而出卖了真正的自我。这时，他们会发脾气，可能开始反对伴侣想要得到的一切东西。

综合以上的特征，我们可以发现：从好的方面来说，2号能够帮助伴侣发展，因为他们认为"如果对方获得了发展，他们也会激发我的优点"，因此他们常常集中精力，制订相关目标和策略，帮助伴侣获得成功；从不好的方面来看，2号也容易成为伴侣的监控人，他们希望能成为两性关系中的核心人物、真正的掌控者，而为了完全控制对方，他们会对伴侣给予过度的关怀，这种过度的关怀常常引起伴侣的反感，从而激发彼此间的矛盾。

2号爱情观：爱你等于爱自己

2号人格的人对别人的感觉很敏感，对自己的感受却很迟钝。他们往往很在乎周围的人是否开心、快乐，是否被照顾周全，却很少考虑到自己是否幸福。所以，2号在亲密关系中往往扮演无私奉献的角色，像传统的妻子和母亲。

生活中，有许多人甘心为自己所爱的人付出一切，然而，爱情不比寻常的人际关系，不是有付出就一定有回报的。而且，你默默付出的行为，往往给对方造成一种潜在的压力感，束缚着他们的心灵自由，促使对方拒绝你的付出。面对这样的结局，许多2号感到自己很受伤，心理上容易产生阴影，变得不再相信爱情。

2号要想获得自己的情感幸福，需要尊重他人的需求。选择适合你付出的目标，你才能收获甜蜜的爱情。

大声说出"我爱你"

2号性格者往往羞于表达自己的需求，认为那是一种自私的行为。因此，2号在表达内心的需求时通常不会直接说明，多采取暗示的方式让对方了解。因为他们总能够在对方未开口前就察觉到对方的需要，并立即给予关照，所以也希望能够获得对方同样的回应。

在面对爱情时，2号也秉持"羞于启齿"的态度。他们总是制造一些浪漫的氛围，让两人沐浴在爱的气氛之中，并希望对方能够加强对自己的关注，注意到自己内心的需求并给予满足。这种被动等待爱情的态度常常使2号错失良人，后悔不已。

莎士比亚说："犹豫和怯懦是爱情的大敌，当爱来临，请勇敢地射出爱神之箭。"如果心中有了爱的萌动，那么就要勇于表达你的爱。否则，白白浪费了机遇。默默地等待固然美好，但韶华易逝，时不我待，"莫待无花空折枝"。

习惯被动等待爱情的2号，不要再用你默默的付出，来向你心爱的人暗示你的爱，因为对方如果不具备超强的洞察力，就容易感受不到你的爱意，给不了你想要的回应，也就会带给你无穷的折磨和痛苦。相反，只有对心爱的人大声说出"我爱你"，才容易赢得对方的爱情关注。

再相爱，也要留一点空间

2号性格者以满足他人的需求为己任，时刻关注伴侣的需求，时刻都希望能够与对方厮守，追求一种如胶似漆的亲密感。因此，2号会非常细心地关照和重视对方的一切，包括对方的家人和身边的朋友，有一种爱屋及乌的感觉。与此同时，2号也需要感受到对方对自己的关爱和重视，需要感受到对方感激自己所付出的爱，因此2号在倾心付出爱的同时，亦需要能在对方身上收获一种能够依赖的感觉。这种依赖常常让2号的伴侣备感压力，从而产生逃离的念头。

有一位年轻聪明的女人，嫁了一位既能干又体贴的如意郎君，她心中的幸福自然是不言而喻的。但是那位如意郎君却又极爱交友，和朋友在一起，他感到是一种鼓舞，一种力量，一种鲜活的空气。可他每每兴犹未尽，便记起身后的家，感到家像一只手遥遥伸过来拽他的衣襟。

回到家中，有修养的妻子也并不十分责怪他游玩后的晚归，但那种不悦与忧伤却在丈夫的心中蒙上了一层阴影。疲惫的丈夫靠在沙发上，家还是那样明亮、清爽、舒适宜人，端来喷香、可口饭菜的妻子却一脸伤心。在丈夫埋头吃饭时，她流泪说："你还记得家呀！"于是丈夫忙不迭地照例解释，照例诅咒友人如何蛮横地挽留，最后照例保证不再发生类似事件。

丈夫于是常对妻子说：林子里树与树之间离得远点才长得粗、长得高，形影不离不应是夫妻的最佳境界。天长日久之后，妻子也明白了丈夫的喜好，于是鼓励他外出，但又很细心地叮嘱他注意安全。因此，虽然每一次都玩得很晚，丈夫总是都会回到家里。

故事中的妻子如果一味地黏着丈夫，控制丈夫交友的行为，久而久之，丈夫心中就会产生反感，甚至可能与妻子争吵不休。长此以往，婚姻也将走到尽头。

因此，不要时时刻刻地关注伴侣的需求，而应更多地关注自己的需求，这样不仅可以提升自己，也能吸引伴侣的关注。

第四章

3 号实干型：只许成功，不许失败

第1节
3号实干型的性格特征

3号性格的特征

在九型人格中，3号是典型的实干主义者。他们有着较强的竞争意识，倾向于把世界看作一次赛跑，在这次比赛中他要求自己必须有优异的表现。他们认为，一个人的价值是以他取得的成就和相应的社会地位来衡量的。因此，他们重视效率，追求成功，很善于表达自己的想法。他们的示范，对周围的人也有激励作用，因而能产生成就大事的能量。而且，他们总是关注目标，任何事情都要有明确的目标指引，绝对不做无意义的事情。

3号的主要特征如下。

3号性格的特征	
1	充满活力与自信，风趣幽默、处世周到、积极进取。
2	注重自己的外在形象，希望给人绅士/淑女等好印象。

3	头脑灵活，见什么人说什么话。
4	不喜欢依赖别人，不喜欢跟别人太过亲密，怕被人发现弱点。
5	喜欢竞争，不愿接受失败。
6	一旦失败，会非常沮丧、意志消沉。
7	是个雄心勃勃的野心家，希望引起别人关注、羡慕。
8	典型的工作狂，能全心投入，忽视个人情感。
9	行动能力强、工作效率高。
10	靠自己的努力去创造。
11	看重自己的表现和成就，喜欢衡量自己在他人心目中的地位。
12	理性至上，不注重自己的精神需求，也不懂得顾及别人的感受。
13	认为经济基础决定精神生活。
14	重视名利，是个现实主义者，冷酷无情，不择手段。
15	喜欢炫耀，常常在别人面前夸耀自己的能力、才华、背景、家庭、伴侣。
16	基本上是一个受人欣赏、有能力、出众的人。

3号性格的基本分支

　　3号性格者偏执地认为名利、地位是评判一个人好坏的标准，而为了不被人看不起，他们需要成为好的标准，因此任何能够带来金钱、占有（安全感）、名望，或者增强他们女性/男性形象的环境，都是他们喜欢的。因此，3号总是关注成就，而不是感受。他们在乎的是行动，而不是感觉。这就容易导致3号精神上的空虚，使他们陷入选择的危机："该走哪一条路呢？该去争取成功，还是该去面对自我？"这种迷茫心理往往突出表现在他们的情爱关系、人际关系、自我保护的方式上。

① 情爱关系：性感

3号有极强的持久伪装能力，喜欢用时尚新潮的外表来吸引异性注意，却常常忽视自己的风格。

③ 自我保护：安全感

3号认为，金钱和地位能够给他们带来安全感，让自己被关注、被赞赏。因此，他们喜欢追求对金钱和物质的占有，在工作上从不懈怠。

② 人际关系：重视声望

3号非常在乎社会资历、头衔、公共荣誉，以及与社会名流的关系，更渴望自己成为名人，因此会利用一切方式来获得更高的声望，并努力成为群体的领导者。

专用车位

3号性格的闪光点与局限点

追求成功的3号性格虽然有很多优点，但同时存在着一些缺点，那些闪光点值得去关注，而那些局限点则应该警醒。下面我们分别对其闪光点和局限点进行介绍。

3号性格的闪光点	
注重形象	注重自己的形象，一直认为自己是成功的典范，往往给人以雄心勃勃、意气风发的潇洒形象。

充满激情	为了实现目标，3号干劲十足，好像有用不完的精力。总是把工作安排得满满的，是个名副其实的工作狂。
追求成功	以追求成功为乐，具有强烈的成果导向和成果意识。能够为了目标而不懈努力，不到成功不肯罢休。
善于激励他人	对待工作的激情常常对他们身边的人产生激励作用，促使他人投入更多的精力到工作中去，也容易促使他人成功。
极强的说服力	善于表达自己的想法，会提前制订好方案，并让周围人理解、接受。
勤奋好学	具有强烈的上进心，总是坚持不懈地探索新的目标，争做行业先锋人物。
喜欢竞争	把胜利作为自己的第一需要，所以处处表现出竞争性。希望通过竞争的方式来证明自己的价值。
擅长交际	是天生的交际能手，开朗健谈、机智幽默，常给人留下深刻的印象。懂得利用所拥有的人脉资历来寻求更多的发展机会。
天生的领导者	具有天生的指挥欲和领导欲，能够纵观全局，知人善任，合理地委派工作，营造高效的团队。
注重效率	注重效率，工作上特别投入，精明敏捷，不拖泥带水。

3号性格的局限点	
忽视感情	注重成就，因此会透支自己的精力、身体甚至人际、家庭关系等。
自我欺骗	根据所处的环境来改变自己的角色，维持自己受人赞赏和羡慕的成功者形象。常常忽略了真正的自己。
独自承受负担	有着天生的优越感，喜欢亲力亲为，重要的事自己做，不善于求助和利用团队的力量。
不择手段地成功	为了获得成功、声望、财富等，采取一切手段，只要达成目标就行。
不能面对失败	害怕失败，遇到一些经过努力仍然没有得到解决的问题、困难时，会非常烦躁和沮丧。
过于追求名望	十分看重荣誉、头衔，并努力升高自己的地位。
典型的工作狂	无视家庭和个人健康，一味地追求金钱、成就感、荣誉，将自己变成了一个彻头彻尾的工作狂。
唯才是用	只要下属工作能力强，就会忽略其品德等其他方面，选择重用他；如果下属工作能力较差，就会干脆放弃，甚至是找能者代替。

急功近利	总是急功近利，会为了摆脱眼前的状况，不顾未来的利益，当时往往能得到，实则导致了最终的失败。
自恋自大	自视极高，获得了一定成就后，容易出现自恋、自负的倾向，使他们看不到自己的缺点。

3号的注意力

3号性格者的注意力都集中在成功上，为了获得成功，他们努力工作，不惜改变自我形象来讨好大众，努力获取金钱、声望、地位等成功的象征。

在旁人看来，3号是拥有高度注意力的人。但3号自己并不这样认为，他们认为自己需要同时关注许多事情，让自己总是处于活动的状态，因此他们喜欢同时做多件事情。从心理学的角度来说，3号这种注意力的支配方式叫"多相性思维"。正是3号的这种多相性思维，使得3号无法将内在注意力集中在手中的具体事情上，他们更关注接下来要做的事情。

当3号被迫要将注意力集中在一个重要项目上时，他们会动用所有的精神力量，向实现目标的方向前进。他们会让自己表现出完成该项工作所需的所有个性特征，将自己变得和周围人一样，或者变成某种环境中的佼佼者。

第2节
与3号有效地交流

3号的沟通模式：直奔主题

3号追求成功，注重效率，他们时常觉得"人生苦短"，要抓紧时间努力工作，才能获得自己想要的荣誉、声望、金钱、地位等成功者的必备元素，因此他们总是急匆匆地走在前进的路上，难有停歇的时间。为了保证自己的高效率，让自己尽快达成成功的目标，他们习惯快速沟通和办事的方式，喜欢直奔主题，绝不拖沓冗长。

因此，在与3号沟通交流时，要直中要害，直奔主题。先了解对方最关心什么，再重点分析。切忌什么都说，太烦琐会让他们注意力分散。虽然在谈话时，3号有时看起来挺有耐心，就算你说再多烦琐的东西，他们看起来也专心致志，但那是为了给你面子并保有专业的形象，他们的内心可能早就远离你的话题了，所以跟3号谈话要懂得把握节奏和突出重点。如果你还是怕他们知道得不够全面而继续讲下去，也许他们就会开始变得烦躁，就可能对你发脾气了。

观察 3 号的谈话方式

3 号注重效率，因此他们说话时喜欢直奔主题，直截了当地说出自己的观点，提出自己的意见，绝不拖泥带水，给人以干脆利落的感觉。

下面，我们就来介绍一下 3 号常用的谈话方式。

	3 号性格者常用的谈话方式
1	注重效率，说话语速较快。这是为了在单位时间内表达更多的信息，以便在下一刻能做更多的事情。
2	说话时喜欢用简单的字词、句子，不仅能直达中心思想和目标，还给人一种有力量的感觉。常说的字词有：目的、意义、抓紧、浪费时间、第一、最好、竞争、形象等。
3	声音洪亮，喜欢使用抑扬顿挫的语调说话，能有效调动听众的情绪，获得他人的高度赞同。甚至在许多时候，人们会跟不上 3 号的讲话节奏，以致错过精彩而引以为憾。
4	注重思维的逻辑性，以及行动的快速性。他们在说话时也非常有逻辑、有效率，同时只关注重点。
5	不喜欢谈论哲学话题，那些冗长的分析和感性的认知让他们感到无聊。同样，他们也不喜欢和他人进行长时间的谈话。
6	喜欢为自己塑造积极乐观、能干的形象，因此通常会避免显示自己消极一面的话题或一些自己所知甚少的话题。
7	不喜欢和能力差、没有自信的人谈话。当他们认为对方没有能力或不自信时，他们会变得不耐烦，而且不太相信那些没有能力或不自信的人所提供的信息。
8	在说话时喜欢配合相应的身体语言，讲到高兴处，常常眉飞色舞、手舞足蹈，使人有一种身临其境的感觉。

读懂 3 号的身体语言

人们和 3 号性格者交往时，只要细心观察，就会发现 3 号性格者会发出以下一些身体信号。

	3 号性格者的身体语言
1	注重形象，多保持适中的身材，以满足当下审美对身材的要求。
2	注重自己的着装，既要达到光鲜亮丽、夺人眼目的效果，又要避免出现哗众取宠的情况。一般来说，3 号男性喜欢给人一种洒脱的感觉，3 号女性喜欢给人一种干练的感觉。
3	在与人交流时，常常眼神专注且充满自信，时时流露出自己内在的实力和魅力。
4	喜欢塑造挺拔的形象，但肢体语言非常丰富，大多数情况下很难安静坐好，其刻意控制自己体态的做法，会给人一种"表演"的感觉。
5	注重肢体语言的表现力，在谈话时常常搭配相应的肢体动作，尤其在手势方面更加懂得与眼神所传递的信息配合，给人一种活力四射的感觉。
6	态度灵活转变，擅长根据不同的场合及公众的要求做出相应的改变，以恰当的言语沟通方式迅速融入所置身的公众场合。

对 3 号，多建议，少批评

在 3 号的眼里，人只有两种：有价值的人和没有价值的人。而为了追求成功，他们会主动接近那些对他们有价值的人，而自动忽略那些对他们没有价值的人。为了讨好那些有价值的人，他们会努力将自己塑造成对方心目中理想的形象，从心理上强迫对方臣服自己，而为了保持这种优越性，他们常常会根据他人的想象来改变自己的形象。简单点说，就是批评只会使 3 号更好地伪装自己。

对于渴望用成功形象来吸引他人注意，获得他人赞赏，满足自身优越感的 3 号来说，他人的批评往往是否认他们成功的表现。而为了维持自己的优越感，3 号会选择忽视或者反击那些批评，从而引发和他人之间的冲突，对双方都不是好事。

因此，人们在面对强势的 3 号时，不妨多建议，少批评，尽量在不破坏其优越感的情况下给出客观意见，引导 3 号认识自己的内心世界，从而帮助他们获得更好的成功，也容易为自己争取到 3 号的保护和帮助。

第3节

3号打造高效团队

3号的权威关系

3号性格者追求成功，是追求功名利禄的功利主义者。在他们看来，权力是实现成功的一种重要手段，也是成功的一种重要表现形式。因此，他们总在积极地追逐权力。

一般来说，3号的权威关系主要有以下一些特征。

	3号权威关系的特征
1	3号天生就有指挥欲和领导欲，他们认为，在领导位子上更易受到人们景仰。
2	3号努力将自己塑造成人们眼中的成功者，从视觉上取得人们的信服。
3	3号积极乐观的精神和勇敢拼搏的斗志会带动大家，发挥领导者的作用，不断推动团队向前发展。
4	3号在管理工作中表现出极强的组织能力和办事能力，懂得时刻调整目标。

5	3 号有着极强的社交能力。他们揣摩和分析身边人关注的焦点或追求的目标，然后说服其帮助自己达成目标。
6	遇到问题时，3 号会与多方交流，适时变通，尽快解决问题，并尽量避免同样的问题再次发生。
7	3 号佩服那些有能力、有勇气的人。如果有人要挑战高风险的工作，他们会给予支持和鼓励，消除对方的紧张和害怕情绪。
8	3 号天生具有权威感，会在工作中自作主张，而把领导撂在一边，这种行为很可能会让领导处于尴尬境地。
9	3 号喜欢夸大自己的角色，或者把自己与他人的关系建立在纯粹的工作基础上，而不带丝毫感情色彩。

3 号制订最优方案的技巧

3 号追求成功，并愿意为成功付出一切努力。当他们担任一个团队的领导者时，他们通常会这样理解自己的作用："我的任务就是在人们理解了公司的目标和结构后创建一个能够达成最终成果的环境。"

那么，如何创建这个能够达成最终成果的环境？这就需要考验 3 号制订最优方案的能力。

在制订方案时，3 号往往有着以下一些特点。

制订战术方案时 3 号的特点

具有预见性	全面收集信息
3 号十分注重方案的好坏。在他们看来，一个好的方案将会带来成功，而一个不好的方案，都将不可避免地导致失败。	3 号在制订方案时，习惯全面收集信息。他们处理相关信息，以便做出理性选择，制订方案，然后转而执行。
注重执行力	较强的计划性
3 号在制订方案时十分看重方案的执行力，将其当成制订方案的要素之一。	3 号喜欢做事有计划，喜欢制订方案，因为这样做让 3 号感到他们在为那些直接影响他们的重要结果负责。
领悟个人感情	
当方案中卷入了自己或别人强烈的个人感受时，3 号要学会领悟个人感情，找时间去获得更多的信息和反思。	

3 号目标激励的能力

在一个团队中，3 号性格者往往是一个天生的领导者，因为他们擅长制订目标，还能够投入全身精力为目标而奋斗，并懂得调动一切资源为己所用，以最终达成目标。因此，3 号总是给人以聪明、能干的成功者印象。也就是说，3 号具有较强的目标激励的能力。

一般来说，3 号目标激励的能力主要包括以下几点。

① 精准制订目标

3 号知道如何选择重要目标，然后用最有效的方式组织自己和他人的工作，快速完成任务，达成预期的目标。

② 给予下属明确指导

3 号在制订完目标之后，一定要对任务进行清晰而明确的说明，甚至要给予他们一些有效开展工作的指导。

③ 擅长处理与客户的关系

3 号具有较强的察言观色的能力，能探测出客户的需求，也能高度回应客户的反馈，并且能够通过自身强大的吸引力和实干精神赢得客户的信任，并与之建立长期关系。

④ 多关心你的同事

3 号具有功利主义思想，常常忽视同事。然而，作为一个领导者来说，3 号必须多关心同事，才能有效激励他们为团队目标努力，为团队争取到更多的利益。

3 号打造高效团队的技巧

3 号是天生的领导者，因为他们是打造高效团队的高手：他们组织他们的团队围绕着确定的目标，既能打造清晰描述职责的团队风格，又能建立与团队目标直接契合的团队架构。这些都是一个高效团队必备的因素。

一般来说，3号喜欢采取以下一些方式来打造高效团队。

3号打造高效团队时需注意的方面	
让目标清晰化	为了更快地达成目标，3号喜欢制订清晰的团队流程，以激励团队成员更努力工作。
让目标可量化	为了更快地达成目标，3号喜欢将宏观的团队目标分解为具体的、可量化的目标，同时也是明显的与团队和个人表现相关的目标。
善于接受反馈	3号时刻关注市场变化，他们带领的团队善于接受反馈，以便及时调整企业方针，满足客户的需求，也为自己赢得利益。
注重团队内的人际关系	3号注重结果，常忽视团队内的人际关系。3号应该将注意力放在对工作中人际模式因素，比如，奖励、团队士气、培训、内部人际关系的关注上。
激发员工的主动性	3号具有较强的优越感，在一定程度上阻碍了团队成员的主动性。
不要提供太多的团队指导	过多、过早、过度频繁的指导都会阻碍团队发展自我依赖、自我肯定的能力，因此要多给他人自我思考的机会。
注重团队的分享	3号如果能够学会和团队成员分享你的意见、成功经验，同时真诚接纳其他人的反应和意见，就能在工作中更放松，团队成员将会更有效地、更少压力地工作。

总之，3号领导者要想打造一个高效的团队，实现自己的成功，需要做到一点：发挥团队的力量。这样就能充分激发团队成员的潜力和奋斗精神，增强团队凝聚力，在实现共同目标的同时也实现个人的目标。

第4节
最佳爱情伴侣

3号的亲密关系

3号性格者认为，做比感觉更重要，因为"做"才是达成目标的最有效方式。即便是在面对爱情时，3号也秉持这样的观点，他们把情感关系视为一项"重要工作"，认为感情也是可以一步一步搭建出来的。

一般来说，3号的亲密关系主要有以下一些特征。

	3号的亲密关系主要的一些特征
1	认为爱是一种成就，深信幸福的生活能按照自己的方法一步一步经营出来。
2	主张快乐、积极地去爱，否认爱情要与痛苦挂钩，自信可以掌握自己的爱情命运。
3	害怕窥探自己真正的个性和内涵，也不愿意接触真实的亲密关系，因为担心别人会发现他们的空洞。
4	忽视自己的感觉。如何不利用巧妙的设计，真实地反映对别人的感受和爱意，反而是一个让他们懊恼的难题。

5	认为爱就是一起做事，一起创造财富，一起快乐，爱不是压倒一切的，也不是令人痛苦的。
6	是情场高手，擅长在伴侣面前扮演"完美情人"。
7	愿意通过追求实际可见的成果来表达自己对家庭的热爱，对亲密关系的忠诚。
8	对于爱情有着惊人的克制力。能够严格控制自己，不让自己陷入任何感情旋涡中。
9	即使恋爱关系刚开始，身为工作狂的3号仍然会不经意地忽略伴侣。
10	容易停滞于自己完美无瑕的外表，以此自满，允许自己固执己见，不听善意的劝告，任凭自恋式的想象充斥胸膛。
11	当爱情和事业发生冲突时，会毅然舍弃爱情，惧怕它会毁灭辛苦经营的形象，怕会拖垮事业进度和既定的计划。
12	同情心不强，在对待感情时偏向自我中心，会将自己的想象、情绪与现实情境混淆。

综合以上的特征，我们可以发现：从好的方面来说，3号能够对家庭成员的期望和目标给予绝对的支持；他们会努力工作，为他们认同的人带来快乐，也会为这些人的成绩感到高兴；他们擅长帮助他人走出孤独，摆脱忧郁，重整旗鼓。

总之，只要3号认同一段亲密关系，他们就会努力成为亲密伴侣；但他们如果认同的是工作，他们肯定不会在家庭和爱情上花费太多时间和精力。

幸福爱情，容不下"工作狂"

3号追求成功，并擅长制订目标来驱动自己不断努力，这容易导致他们过分投入到对工作、事业的追逐中，从而忽略对自身情感世界的关注，也就容易忽略对伴侣的情感呵护。当然，这不是说3号不爱自己的伴侣，不是指责他们对家人摆出漠不关心的冰冷样子，他们只是过分投入工作，有些分身乏术而已。

罗可是一名建筑设计师，具有典型的3号性格者的"工作狂"特征。她总是将全身心的精力投入到工作中去，长期处在紧张、压力中，将自己变成了工作机器。即使是周末，她心里也放不下工作，脑子里总在想工作的事，心神不安，对什么娱乐休闲方式都没兴趣，只有看见图纸心里才彻底踏实。

不知不觉，罗可身边的好友都相继结了婚，只剩下年近30岁的罗可还单身。为此，罗可的父母十分着急，每天忙着为罗可张罗相亲对象。一次，一个亲戚给罗可介绍了一个搞人力资源管理的相亲对象，罗可见面后觉得还不错，决定交往。可偏偏那段时间工作特别忙，经常加班，根本没时间约会，只得一再推托。待到项目结束，想好好恋爱时，又赶上对方出差。总之，两人约会时间总是不巧，罗可也没在意，总觉得"等我忙完这个项目就好了"。然而，当罗可抽出时间约男方见面时，她却被男方告知："我已经有女朋友了，而且，你太忙了，我希望我的女朋友能多些时间陪陪我。"

3号并不是不爱自己的伴侣，他们只是把工作也当成爱伴侣的一种表现。他们注重物质，看轻情感，而通过工作，3号能够提供给伴侣良好的物质条件，比如，为家人安排旅行、为伴侣订购他们喜欢的商品、为孩子购买其喜欢的玩具等，这恰恰是3号表达爱意的表现。换句话说，3号人格在情感的表达上，"做"多于"说"，他们认为拼命地工作也是自己通过实际行动来表达对家人之爱的方式。

然而，在爱情中，人们更注重精神层面的追求。光有丰富的物质基础，而无精神交流，爱情往往难以持久。因此，3号要注意转移注意力到自己的情感世界中去。多抽出时间陪伴爱人，多和爱人进行精神上的沟通和交流，共同去体验爱情的悲喜，就能爱得更深入、更长久。

3号须知：爱情与门第无关

3号性格者追求成功，并能够通过不断地努力去追求成功，因此他们常常拥有一流的学历、亮丽的外表、光鲜的衣着、潇洒的风度，还有人人仰慕的社会地位……当这些优越的条件集于3号一身，他们就成了具有强大吸引力的"完美情人"。

为了进一步满足自己的优越感，3号也将爱情视为通向成功的一种工具。因此，3号特别看重伴侣的外貌、能力、成就、财富等是否符合社会所认可的理想尺度，这些也是他们所开列的择偶条件清单。能与优秀的人物把臂同行，他们便可惹来别人艳羡的目光，也会沾上成功人士的光彩。因为紧盯着一心要追求的对象，3号会漠视一些客观的形式而千方百计地但求遂其所愿，为此他们可能并不介意卷入社会不容许的恋爱模式中，甘心成为别人亲密关系中的第三者或已婚人士的秘密情人。

只有当 3 号把注意力转移到内心，关注自己及他人的感情世界，他们才能真正发现自己及他人的需求，才能凭借共同的需求来找到自己的人生伴侣，才能通过不断满足共同的需求来维系感情，制造浪漫而甜蜜的婚姻生活。

物质不能代替情感沟通

3 号性格者不关注自己的情感世界。他们不敢面对自身性格中的缺点，只想向他人展现自己性格中的优点，努力维持在他人眼中的成功者形象。因此，他们将注意力更多地投向了物质世界，不断地工作以获得更多的物质回报，并将物质作为向伴侣表达爱意的重要方式，常常认为给一个人良好的物质环境，就是表达了自己最真挚的爱意。

在这种思想的影响下，3 号总给人一种不解风情的感觉，亦因此容易忽略对伴侣内心感受的关注。他们总是以物质来满足对方，给人一种一旦遇到情感问题，便会用物质上的表现（如购物、晚餐、送礼物）来逃避情感沟通的感觉，这也是 3 号人格"不愿意认错"的本质表现。同时，因为他们总是以回避沟通情感作为处理情感问题的方式，所以他们会令人产生一种情感薄弱的感觉。

面对当今社会越来越多的家庭伦理问题，有人做过一个调查：年轻夫妻婚姻家庭不稳定的原因是什么？他们发现，"家庭关系被物化，很多人一切从利益出发"是最多的答案。物欲极度肿胀，也会导致精神的空虚和恐慌，物质化催迫着本真、梦想、性情的幻灭，也就容易导致婚姻的毁灭。幸福的爱情需要丰富的物质条件，但爱情的幸福与否却不由物质决定。钱不能使真爱降临。正如大思想家培根所说："你能用金钱买来的爱情，别人也能用金钱把它买去。"唯有爱，能让爱情长久而甜蜜，能让婚姻稳定而幸福。正如英国文学家狄更斯所说："爱能使世界转动。"可见爱的魔力不知比金钱要大多少。

其实，只要3号明白一点——物质不能代替情感沟通，重拾对个人情感世界的关注，他们就能爱得正确一些，也就能收获真正的爱情。

第五章

4 号浪漫型：迷恋缺失的美好

第1节

4号浪漫型的性格特征

4号性格的特征

在九型人格中，4号是典型的浪漫主义者，他们是天生的艺术家。他们容易被真诚、美、不寻常及怪异的事物吸引，会翻开表面以寻找深层的意义。他们对自己关心的事物表现出无懈可击的品位。他们任凭情感的喜恶去做决定，最好的事物总是最能轻易满足他们。在别人眼中他们可能像感情强烈及浮夸的悲剧演员，或是爱管闲事而刻薄的评论家。然而在他们状况最佳时，4号是一个兼顾创意和美感的人，过着热情的生活，并表现得优雅，具有极佳的品位。

4号的主要特征如下。

4号的主要特征	
1	内向、被动、多愁善感，感情丰富，表现浪漫。
2	关注自己的感情世界，不断追寻自我，追求的目标是深入的感情，而不是纯粹的快乐。

3	重视精神胜于物质，凡事追求深层的意义。
4	被生活中真实和激烈的事物深深吸引，比如，生死、灾难等。
5	带有忧郁感，被生命中的负面经历所吸引，特别易被哀愁、悲剧所触动。
6	总觉得别人不理解自己，认为被误解是一件特别痛苦的事。
7	敏感于他人对自己的态度，经常不被人理解，常眼神略带忧伤。
8	害怕被遗弃，内心总是潜藏着一种被遗弃的感觉。
9	对别人的痛苦具有同情心，会抛开自己的烦恼，去支持和帮助别人。
10	依靠情绪、礼貌、华丽的外表和高雅的品位等外在表现来支撑自己的自尊。
11	追寻真实，但总感觉现实不是真的，相信被真爱包围时，真正的自我将出现。
12	常说一些抽象、幻梦的比喻，让别人不太懂其隐喻。
13	好幻想，惯于从现实逃到自己的幻想中。
14	被遥不可及的事物深深吸引，把一个不存在的恋人理想化。
15	对已经拥有的，只看到缺点；对那些遥不可及的，却能看到优点。这种变化的关注点加强了被抛弃的感觉和缺失的感觉。
16	对人若即若离、捉摸不定，我行我素却又依赖支持者。
17	一旦爱上一个人，会用各种方法引起伴侣的关怀，或用离离合合的手段，借以掌握主导权。
18	对不合心意的人，会拒人于千里之外，和不熟的人交往时，会表现沉默和冷淡。
19	不愿接受"普通情感的平淡"，需要通过缺失、想象和戏剧性的行动来重新加固个人的情感。
20	拥有过人的创造力，希望创造出与众不同的形象和作品，喜欢用各种方式表达创意。
21	不开心时，喜欢独处。

4号性格的基本分支

4号喜欢关注自己的感情世界，尤其喜欢关注自己的爱与失。在他们看来，只有当两颗心相遇时，产生了爱，他们才会感到自己是完整的；反之，他们则是残缺的，他们会因为自己的残缺而感到痛苦，这种痛苦主要表现为忧郁。但4号并不以忧郁为苦，反而认为这种因缺失而产生的忧郁具有强大的吸引力，促使他们用情感填补内心的空缺，并与他人建立联系，总之，他们在快乐和悲伤中探寻世界。

4号过于关注自己的情感，使得他们对情感中的快乐和悲伤有着强烈的独占心理，因此当他们看到别人在享受他们渴望的快乐时，嫉妒之心就会油然而生，如同插在心口的一把尖刀。4号不断产生的嫉妒心促使他们无止境地追求快乐。这种矛盾心理往往突出表现在他们的情爱关系、人际关系、自我保护的方式上。

① 情爱关系：竞争

4号希望自己在伴侣眼中是独特的、不可取代的。所以随时都处于竞争状态，要把自己的对手赶走。

② 人际关系：羞愧

4号会关注别人的优点，容易使得他们产生羞愧感，变得没自信。

③ 自我保护：无畏

为了追逐梦想，可以忽略基本的生存需要，可以通过极度冒险的方式来追求梦想的生活。

4号性格的闪光点与局限点

九型人格认为，4号性格不仅有许多闪光点，也有许多局限点，那些闪光点值得去关注，而那些局限点则应该警醒。下面我们分别对其闪光点和局限点进行介绍。

4号性格的闪光点	
富有同情心	天生富有同情心，特别适合与处于危难或悲伤中的人一起工作，愿意帮助他人走出情感创伤。
极高的敏感度	敏感度强，善于发现商机，往往能在别人之前出手，从而大获其利。
甜蜜的忧郁	并不将忧郁视为消极影响，而是将其看作生活中的调味剂。
痛苦的创造力	享受痛苦的感觉，喜欢在痛苦中创造。
不断涌现的灵感	天马行空的想象使得他们灵感不断，能够把一些不相关的事情联系起来，创造出新鲜独特的东西。
唯美的品位	有很好的审美眼光，讲究品位，并爱用美的事物来表达自己的感情。
追求无止境	始终不满足于现状，于是便无止境地追求。

4号性格的局限点	
过于专注自己的内心	非常注重自己的体会，常常把自己和自己的感觉画上等号。
自我沉醉	喜欢将自己从现实中分离出来，沉迷于自己的想象中。
易受负面情绪影响	容易受负面情绪影响，活在负面期待的世界里，容易导致4号的失败。
害怕被遗弃	心里潜存着一种感觉：如果自己毫无价值，就要被遗弃。因此，碰到极小的难题，或者预见会被拒绝，会立即推开对方。
容易质疑自己	当面对的否定多了，对自我的评价也不高，会不信任自己。
自我封闭	遇见糟糕的事情时，痛苦会比别人久。为了避免这种担忧，不得不封闭自己，难以客观地看待自己和世界。
情绪化	关注感情，又厌恶平庸和单一，沉湎于大起大落的情感。常给人以不成熟、办事不牢靠的感觉。
自我摧毁	有强烈的悲观情绪，将他人身上的小毛病视为不能容忍的刺激，容易导致4号的愤怒情绪，进行自我破坏，自我摧毁。

4号的注意力

4号认为"距离产生美"。对他们来说，当一个人或事处于一定距离之外时，这些人或事的优点会变得格外突出，并把4号的注意力从现实中吸引过来；但如果这个人或事就在4号眼皮底下，这些人或事身上不那么有趣的方面就会逐渐显露出来，4号的注意力就会转移到其他缺失的事物上。4号总是感觉与不在身边的朋友有一种密切的联系，距离感反而让对方的优点变得更加突出。

从心理学的角度来分析，4号这种对距离感的推崇，是因为他们总是运用自己的想象力去关注遗失的美好和眼前的缺陷，这让他们对眼前的一切毫无兴趣，却拼命追求那些遥远的东西。这其实就是典型的注意力转移的行为，这常常使得4号忽略了眼前的真实和美好。

在注意力训练中，4号需要把自己的注意力稳定在一个中立的方向。抛弃漫无边际的想象，学会感受眼前的真实感，才能让自己真实的感觉呈现出来，帮助自己寻找本体，获得更好的发展。

第2节
与4号有效地交流

4号的沟通模式：以我的情绪为主

在人际交往中，4号更关注自己的需求，他们以自己的情绪为主导，跟着自己的感觉来说话，而不去考虑环境、倾听者的性格等个性特征，因此常常使得听他们说话的人什么也听不懂，闹出"牛头不对马嘴"的笑话来。

许多人在说话中总是"我"字挂帅。美国汽车大王亨利·福特曾说："无聊的人是把拳头往自己嘴巴里塞的人，也是'我'字的专卖者。"然而，谈话如同驾驶汽车，应该随时注意交通标志，也就是说，要随时注意听者的态度与反应。如果"红灯"已经亮了仍然往前开，闯祸就是必然的了。

一旦4号因为过于表达自我情绪而遭遇人际僵局，受到人们的嘲笑和抱怨，他们便会感到自己的独特不被理解，感到很受伤，他们会选择保持沉默，不再与人进行交流，以避免类似的伤害。

因为4号认为，语言很苍白，他们希望别人能够不需要语言就读懂他们，这样才有意思，如果什么都说出来，那就没意思了。所以，4号很多时候都推崇潜意识的沟通方式。但大多数人难以理解4号的这种沟通方式。因此，4号常常被迫封闭自己。长此以往，他们就容易陷入抑郁症的旋涡中。

为了避免自己陷入抑郁症的旋涡，4号需要明白：并不是所有的人都具备极强的感应力，你要告诉他们你的感觉，而不是让他们去猜；同时，在讨论时要提防自己陷入情绪化的回应里。如果有必要，告诉人们你可能会过度情绪化，或是分散注意力，并请他们帮助你保持稳定。在你觉得自己沉迷于情绪而不可自拔时，邀请人们帮助你开朗起来。

而人们在和4号的沟通中也需要理解4号的感性沟通方式，重视4号的感觉，也要让4号知道你的感觉、想法，并根据4号的感觉作出相应的回应，以便给4号被关注的感觉，并帮助他们抒发情绪，走出情绪低谷。总之，我们不要老是以理性来要求他们、评断他们。听听他们的直觉，因为那可能会开启你不同的视野。

观察4号的谈话方式

4号内心充满忧郁感，因此他们在语言表达上比较温和，给人以娓娓道来的舒缓感和独特的美感。

下面，我们就来介绍一下 4 号常用的谈话方式。

4号常用的谈话方式
1	语调柔和，讲起话来抑扬顿挫，很容易带动人们的情绪，进入一个想象中的美丽画面。
2	喜欢用柔美、哀戚的词汇。
3	语气总是透露出一股忧郁的气息，传递一种内心有深刻感悟的意蕴。
4	话题往往围绕自己展开，总在描述自己的感觉，尤其是那些悲伤、痛苦的感觉。
5	最常用的词汇是：我、我的、我觉得、没感觉……
6	说话时较少配合其他身体动作，但是有着丰富而快速的眼神变化。
7	喜欢用形容词来表达自己的情绪，比如，"今天的天真蓝啊！""水真绿啊！"

读懂 4 号的身体语言

人们和 4 号性格者交往时，只要细心观察，就会发现 4 号性格者会发出以下身体信号。

4号的身体语言
1	身材适中或偏瘦，常常给人以单薄飘忽的感觉。
2	站立、坐卧均以舒服为原则，不会刻意要求自己保持某种体态，因此常常做出不合礼仪规范的举动。
3	注重自己的服装打扮，他们喜欢具有独特气质、显现高雅的服装，以使自己既张扬又简约，常常希望给人一种冷艳的感觉。
4	说话时，他们的眼神会随着他们的情绪变化而变化，时而忧郁，时而极强，时而悲伤……
5	喜欢突出自己的艺术感，因此他们尽量保持优雅迷人的形象。
6	不喜欢被人关注，当感到有人关注自己时，常常自动整理身形来掩饰自己的不自然。
7	不喜欢使用过多的身体语言，大多数情况下只是安静地坐在那里，倾听或冥想。

8	当4号受到强烈的情感刺激时，他们也不会以突出的形体动作表达内心的情感，只是偶尔会暗自啜泣。
9	初见陌生人时，4号往往表现出冷漠、神秘又高傲的样子。
10	总是一脸不快乐、忧郁的样子，充满痛苦又内向害羞。
11	4号在情绪、情感的体验上太过敏感，总是因为环境（包括人）的一点变化而产生一份情绪，体悟一次情感，因此他们的形体、情感夸张且变化快。

理解4号的忧郁

怎样与4号交流

4号喜欢体验忧郁，甚于一般人对快乐的喜欢。我们应该学会理解这种情绪。

和4号一起珍惜当下

4号忽视现实中的事物，总是得不到应有的快乐。我们应该努力带他们走进现实，珍惜当下的快乐。

第3节

4号打造高效团队

4号的权威关系

4号性格者追求独特，并时刻展现着自己的独特，更希望自己的独特得到大众的认可和赞赏。许多时候，4号希望自己成为独特方面的权威，而不是喜欢权威方面的独特。

一般来说，4号的权威关系主要有以下一些特征。

	4号权威关系的主要特征
1	4号性格者倾向于忽视那些小权威，比如，警察、城管、保安等。
2	4号相当尊敬那些大权威，尤其是符合4号心中的独特性和精英形象的时候，比如，著名画家、著名钢琴家等。
3	他们追求独特，并努力与工作领域中最出色的人结为同盟。
4	4号不喜欢遵从规章制度，常表现出较强的叛逆性。他们这样做并不是有意颠覆权威，而是忘记了要认真对待规章制度。
5	如果违背权威将受到惩罚，4号会想方设法溜之大吉，享受这种"侥幸逃脱"的感觉。
6	4号希望因为自己的独特能力而被选中，希望从最优秀的人那里获得教导和支持。
7	4号对美有着敏锐的洞察力，能够感觉到他人身上真正的天赋和感情。
8	为了获得大权威的赏识，4号会和同事们竞争。如果没有被认可，他们会怀恨在心。

| 9 | 他们不愿做毫无新意的工作，也不愿在没有创意的环境下工作，除非这样的工作能够帮他们实现真正的理想。 |

由此可知，4号总是将自己的注意力投放到个人的独特性上，对有独特之处的人会给予充分的尊重和赞美，甚至产生崇拜之情，不然他们就会忽视对方，甚至鄙视对方的平凡。

4号制订最优方案的技巧

4号过于关注自我的感觉，而忽视现实世界的变化。由此来看，他们是不擅长制订目标、方案的。但从另一个方面来看，4号独特的敏感又使得他们能够敏锐地捕捉到外界的变化对自身的影响，从而及时改变策略来应对变化。

在制订方案时，4号往往有着以下一些特点。

制订战术方案时4号的特点

凭感觉行事	有很强的主见
4号注重自身情感变化，因此，他们对很多事情很敏感：真实情况、可能的选择、参与其中的人、可能的结果，甚至是他们的自我感受。	对自己的方案，4号经常有很强的主见，而当这个方案适用于他们最重要的价值观时，4号就会变得踌躇满志。
擅长高度分析	喜欢换位思考
4号善于高度分析，确定最佳的行动计划。此外，他们还能把组织文化和方案制订权力架构作为因素加入到决策的过程中，而自己只是做方案的后援。	4号是很敏感的，他们倾向于换位思考，或是从自己的角度出发为他人考虑。这就使得4号在做决策时常常犹豫不决。

感性因素为主导

4号过于注重感性因素，过度强调个人的经验和感受。因此，他们在制订方案时常常感情用事，做出一些违背现实发展的事情，对团队发展产生不利影响。

要过于强调自己的价值观，而要更多地考虑现实条件以及大众的价值观，做出最有利于团队发展的方案。这才是最优的战略方案。

4号目标激励的能力

在一个团队中，4号性格者经常从自己内在的核心价值理念和激情或共同愿景出发，来进行运作和管理。当这些力量活跃且

4号目标激励的主要特征

富有创造力

4号性格者富有创造力、情感丰富，愿意努力工作。他们教导、建议、劝说他人对客户要反应敏捷，能提出新的解决方案，为完成工作加班加点。当工作出现问题时，4号领导者经常会暂停手中的工作，与下属一起检查问题的原因。

善于发现工作中的意义

4号性格者非常关注为他们工作的人的感受和需要，因此他们非常善于激励下属发现工作中的意义，以达到高绩效。

将感觉与目标结合起来

很多4号倾向于首先觉察内在体验和感受，然后用自己的分析能力理清自我反应的意思。关键的是，不是要忽视你和他人的个人体验，而是要把你的感受和对目标合理化的思考有机地结合起来。

关注他人真正的感受

4号喜欢关注他人的感受，同情体恤他人，这往往能起到激励他人的作用。但有时，4号会站在自己的立场上去看待他人的感情问题，带有较强的主观倾向，并不能帮助他人解决问题。因此，要学会区分其中有多少是你在某种情境下的感知，有多少是其他人真正的感受。

充满激情的时候，4号管理者就会很轻松地感召下属努力，而且支持他们取得高水平的绩效。

4号打造高效团队的技巧

当4号沉浸在自我想象的世界中时，他们不仅不能打造一个高效的团队，还会成为打造高效团队的巨大阻力。但是当他们从幻想中走出来，直面现实的时候，他们又是一个称职而出色的领导者。

4号打造高效团队的方式

着眼于团队愿景

4号享受共同的愿景以及团队合作所带来的激情，他们能带领并运用团队中的人才，全部目的都是提供高水平的产品和服务。

大目标与小创意的糅合

4号喜欢把大项目分成小块。所以，4号并不倾向于过度地架构和过分地组织管理团队。

建设性的管理方式

4号觉得用建设性的方式帮助团队讨论一些困难问题是让人舒服的。他们相信每个团队成员作为一个个体都是同样重要的。

寻找工作中的刺激感

4号喜欢做他们感觉有意义的工作，如果任务太平凡了，或是团队的问题看起来是无法克服的，4号可能不是失去兴趣，就是失落。

善用你的敏感

4号要相信并善用自己的敏感，把它当成解决团队问题的基础是很重要的。但是不是每个仔细检查出来的问题都需要讨论。4号需要锻炼自己的协调能力。

学会在工作中放松

4号领导者可能是紧张、严肃的，尽管这并不一定是个负面的特征，但是要与轻松愉快达成平衡。

第4节

最佳爱情伴侣

4号的亲密关系

4号性格者十分关注自身的情感联系，当情感关系被激发时，其他一切都变得苍白无力，吸引不了4号的注意力。外界的任何事物都可能激发他们的情感，他们时而欢喜，时而悲伤，时刻变化，也使得他们的亲密关系呈现出分分合合的不稳定状态。

一般来说，4号的亲密关系主要有以下一些特征。

	4号的亲密关系主要的一些特征
1	用艺术的眼睛看世界，认为一切都是表象：心情、态度、品位都是情感关系的布景。
2	有极强的缺失感，常将注意力集中在那些别人有但自己欠缺的事物上。
3	为自己的缺失而痛苦，认为自己不完美，也常做好被离弃的心理准备，但这种所谓的准备不过是一种自欺的状态。
4	认为眼前的事物是不真实的，遥远的与不能得到的人反而最有吸引力。
5	关注未来，把大量的注意力放在等待爱人出现的准备工作上。
6	忽略当下的生活，不关注身边的人或事。
7	厌倦日常生活的乏味。通过戏剧性的行为，甚至破坏性的行为来增强情感关系的激烈度。

8	期望复杂的情感关系。想要得到的是深度，而不是乐趣。
9	喜欢享受追求的过程，而不是快乐。
10	追求激烈的爱情，认为只有激烈的爱情才是真正的爱情。
11	喜欢制造多层次、多阶段的爱情，不容易爱上一个人，也不容易放弃一个人。
12	没有安全感，不敢许下长久的承诺。当伴侣想许下诺言时，他们便会避开，不敢接受。
13	对情感关系的关注总是忽冷忽热。
14	用艺术的表达来抑制内在的情感，一句话、一个眼神都是意味深长的，极力使爱情在浪漫中实现。
15	如果目前的关系在别人眼中是完满无缺的，便会倾向怀念逝去的恋爱。

综合以上的特征，我们可以发现：从好的方面来看，4 号丰富的想象力和艺术的情感表达方式能够使得他们的爱情保持激情，即便是在感情危机中，他们也能够与伴侣共渡难关，不会因为强烈的情感变化或者他人的伤悲而放弃爱情。从不好的方面来看，4 号强烈的缺失感常常使他们产生严重的自卑情绪，陷入悲观情绪的旋涡中，疑心较重，容易伤害伴侣的感情；甚至可能对伴侣产生强烈的嫉妒心理，并因为伴侣对自己的忽视而产生报复心理。

增添生活的小情趣

4 号有着丰富的想象力以及细腻的情感体悟，对艺术有着与生俱来的感悟力，总能够很好地感悟艺术创作者在创作时的所思所想，因此他们对于美及艺术品位的追求与解读都较其他人执着深刻。因此，在他人看来，4 号是天生的艺术家，他们总能营造一个艺术氛围浓厚的生活环境，凭借自身源源不断的艺术灵感为生活增添无数的情趣。这样的4号，在爱情中往往有着极强的吸引力。

小张是一个大三的穷学生。一个男生喜欢她，同时也喜欢另一个家境很好的女生。在他眼里，她们都很优秀，他不知道应该选谁做妻子。有一次，他到小张家玩。她的房间非常简陋，没什么像样的家具。但当他走到窗前时，他发现窗台上放了一瓶花——瓶子只是一个普通的水杯，花是在田野里采来的野花。

就在那一瞬，他下定了决心，选择小张作为自己的终身伴侣。他下这个决心的理由很简单：小张虽然穷，却是个懂得如何生活的人，将来无论他们遇到什么困难，他相信她都不会失去对生活的信心。

而随着他们接触的日益深入，他越发觉得他的选择没有错。

小张喜欢时尚，爱穿与众不同的衣服。她是被别人羡慕的白领，但她却很少买特别高档的时装。她找了一个手艺不错的裁缝，自己到布店买一些不算贵但非常别致的料子，自己设计衣服的样式。在一次清理旧东西时，一床旧的缎子被面引起了她的兴趣——这么漂亮的被面扔了怪可惜的，不如将它送到裁缝那里做一件中式时装。想不到效果出奇的好，她的"中式情结"由此一发而不可收：她用小碎花的旧被套做了一件立领带盘扣的风衣；她买了一块红缎子，稍作加工，就让她那件平淡无奇的黑长裙大为出彩……

由此可见，小张就是一个典型的4号性格者。因为在4号的心里，生活可以很平凡、很简单，却不可以缺少情趣。他们懂得在平凡的生活细节中创造生活的情趣，可以从做家务、教育孩子、为配偶购买情人节礼物等平凡的生活细节中体验到生活的快乐。

总之，在4号的眼里，一次家庭聚会、一件普通得再也不能普通的家务都可以为生活带来无穷的乐趣与活力。也正是这样富有情趣的4号，容易赢得长久而幸福的爱情。

切忌过度制造神秘感

4号性格者喜欢在自己和恋人之间制造若即若离的距离感，以保持自己在伴侣心目中的神秘感和美感。在他们看来，"距离"是维系恋情的重要手段。因此他们对于爱情往往有着这样的念头："因为爱你，我必须离开你。当离开你后，我才发现有多爱你。"这种想法会令其他人无所适从，但的确是他们的心底话，也是他们向自己证明有多爱你的方法。

4号总是将自己及伴侣置身一种永无止境的"推——拉"游戏中。当他们感到过分亲密会危害到恋情时，比如，朝夕相对导致双方的缺点无所遁形时，他们会将伴侣推开，让自己有足够的空间来重新浮想你的好处。在确认真的爱伴侣后，他们会在伴侣立志要离开前，用尽一切方法说服伴侣回来。可是伴侣希望两人关系稳定下来时，他们却会再次退缩，不会作出一些具体的承诺。在伴侣为他们的冷漠失望时，他们又会重新施展吸引伴侣回来的伎俩。总之，4号就是喜欢在爱情中制造若即若离的感觉，他们称这种恋爱模式为"吸引——拒绝——吸引——拒绝"，如此循环不息。

生活中存在许多这样的现象：两个刚认识不久的人，一定会非常迫切地希望知道对方的事情；而当彼此深入了解了对方，对彼此的兴趣就会急速冷却。因此，在爱情中确实需要对伴侣保有一点儿神秘感，让他对你有尚不明白、尚搞不清楚的部分。

4号可谓制造神秘感的高手，他们情绪化的性格往往给人以难以捉摸的神秘感，他们追求创新的性格更使得他们变化万千、难以掌控，从而使得他们在爱情中具有强大的吸引力。他们如果能够避免自己陷入悲情主义的旋涡之中，就能凭借自身的神秘感赢得长久而幸福的爱情。

第六章

5号观察型：自我保护，离群索居

第1节
5号观察型的性格特征

5号性格的特征

5号十分注重他们的内心世界，他们希望自己成为一个思想者。因此他们喜欢安静、独立，关心自己的私人空间，喜欢独处。在他们看来，精神上的思考比行动更为重要，因为他们认为世界是复杂的，它会侵犯5号的隐私，因此5号只需要躲在自己的私人空间里，就可以认识外部世界，也可以保护自己，回归自我。总之，5号常常给人以"冷眼旁观"的感觉。

5号的主要特征如下。

	5号的主要特征
1	安静，不喜言辞，欠缺活力，反应缓慢。
2	百分百用脑做人，刻意表现深度。
3	注重个人的私密性，不喜欢他人窥探自己的隐私。
4	当别人企图控制他们的生活时，会很愤怒。
5	害怕与人相处，不喜欢娱乐活动。在人际关系上显得比较木讷并喜欢保持理性的状态。

6	社交活动大都是被动的，总是由别人主动发起。
7	重视精神享受，不重视物质享受。
8	认为世界是理性的，害怕用心去感觉。
9	希望能够预测到将要发生的事情。
10	是一个理解力强、重分析、好奇心强、有洞察力的人。
11	习惯情感延迟，在他人面前控制感觉，等到自己一个人的时候，才表露情感。
12	分不清精神上的不依赖和拒绝痛苦的情感封闭。
13	过度强调自我控制，把注意力从感觉上挪开。
14	把生活划分成不同的区域。把不同的事情放在不同的盒子里，给每个盒子一个时间限制。
15	对那些解释人类行为的特殊知识和分析系统感兴趣。希望找到一张解释情感的地图。
16	喜欢从旁观者的角度来关注自己和自己的生活，这将导致与自己生活中的事件和情感隔离。
17	喜欢独自一人工作，相信自己的能力，也很少寻求他人的意见和协助。
18	有时不愿意支持别人，但在别人要求时，会帮别人仔细分析，且条理分明。
19	贪求或积攒时间、空间、知识，对时间及金钱很吝啬。
20	关注探究，思考代替行动，基本生活技能较差。
21	自我满足和简单化。

5号性格的基本分支

　　5号性格者注重个人的隐私与独立。为了保护自己的私人空间不受打扰，他们喜欢独处，很少外出，只与外界保持有限的联系。他们与心灵做伴，从中获得无穷尽的快乐。但是，即便是隐居的生活，也需要一定的物质必需品和情感必需品作支持。因此，当5号感到缺少了某样必需的东西，他们就会想方设法把这样东西弄到手。这时的他们，表现出强烈的贪婪特征。这种贪婪将影响 5 号对情爱关系、人际关系和自我保护的态度。

情爱关系：私密

大多数时候，5 号为了保护秘密，宁愿忍受分离的痛苦。5 号喜欢的是私人顾问、个人空间、秘密爱情。

人际关系：图腾

5 号希望与具有共同特征的人保持联系，这种共同特征就像一个部落中共同信奉的图腾一样。这种对图腾的信奉也可以发展成对特定知识的探寻。

自我保护：城堡

5 号十分注重自己的私密性，渴望建立一个私密的空间，在其中休息、思考，周围都是他们熟悉的物品。

5 号性格的闪光点与局限点

九型人格认为，5 号性格不仅有许多闪光点，也有许多局限点。下面我们就来具体介绍。

5 号性格的闪光点	
精神重于物质	对物质要求不高，只愿意用金钱来保护个人隐私，获得良好的环境和可以自由支配的时间，而不是其他物质享受。
敏锐的知觉力	有敏锐的知觉，总能透过事物的表面，看到核心的问题及潜在的危险，并且能够整合已存在的知识，预测未来的发展。
极强的专注力	喜欢思考，能全神贯注于引起他们注意的事物上，并能看清事物的真相。
极强的分析力	精通心智的分析，总能冷静地观察和思考事物。
理性	克制自己的感情，喜欢用逻辑分析、理性思考来解决人生的所有问题。

以事实为导向	喜欢以事实为导向，把心思集中在外在世界。总是以冷静沉着、抽离的态度来窥探这个世界，从而发现别人不曾怀疑的问题。
善做准备工作	喜欢在做某件事前，设法收集所有相关信息，并预演一番，以便能及时应变。要表态或作出结论时，总会确保万无一失。
擅长规划	理性，不会冲动，尽可能地搜集资料，注意研究，最后确定解决方案。
善于学习	喜欢学习，为拥有知识而兴奋。对自己感兴趣的东西，都会一头扎进去，直到找到真相。

5号性格的局限点	
过于看重知识	总是将注意力集中在对知识的追求上，认为有了知识就不会焦虑，就知道怎样去面对环境。
行动力较弱	思想很活跃，行动却比一般人迟钝。工作上时常犹豫不决，导致自己错失机会。
思考过度	能冷静地考虑问题。但是，由于过度思考，常常错失行动的先机。
抽离自己	将人际关系保持在一种抽离的状态，很少公开谈论自己的事，也不喜欢与人深交，更不喜欢陷入复杂的人际关系。
忽略感觉	崇尚理想，拒绝感性。不喜欢亲密的感觉，害怕情感的介入会打扰自己的情绪及思想世界。
害怕冲突	与他人发生冲突时，会对他人的怒火不予理睬，这往往越加激发他人的愤怒情绪。
吝啬	不愿意为他人花费时间和精力，更不愿意和他人分享空间和资讯，给人吝啬的感觉。
贪婪	对时间、精力、资讯等个人资源极其贪婪。这种贪婪可以帮助他们获得独立生存的资源，也使得他们越发表现出一种以自我为中心的倾向。

5号的注意力

　　5号性格者的注意力不在自身的感觉上，也不在外界人、事身上，而在如何制造自己与外界的人、事的距离感上。

他们喜欢隔离，却不会完全撤退到自己的私人空间，或者在自己身边树立起情感的围墙，而是把自己的感情排斥在外，站在自身之外的某个位置来观察一切。这种注意力的支配习惯在面临压力、亲密关系，或者毫无准备的情况时表现得尤为明显。5号可以把自己的注意力全部集中在身体之外的某个点上，通过这种方式让自己消失。

我喜欢做瑜伽，因为我能够把自己完全封闭起来，好像根本感觉不到自己的身体。我常常能将自己的思想从我的身体中分出来，就好像灵魂出窍一样，我能够看着自己做出每一个动作，但是没有任何身体的感觉。我真害怕有一天我的灵魂跑出去回不来了，但只要我一静下来做瑜伽，就容易出现这种抽离的情况。

产生这种思想和身体分离的情况的原因，是5号习惯把注意力与对他们产生威胁的目标分开，通过无视危险来消除内心的恐惧感，这与冥想者有意把观察的自我与自己沉思的目标分开是不一样的。如果5号无法摆脱那些让他们恐惧的事物，他们就失去了让心智和情感分离的防御能力，他们就会变得异常脆弱，很容易受到他人和自身欲望的影响。而冥想者则能够从内在去观察，能够与自己关注的对象融为一体。

在注意力练习中，5号应该让自己远离被侵犯的感觉，忘记那种恐惧感，而不是紧紧抓住那种感觉不放。这时他们才能真正远离外界干扰，敢于面对自己真实的情绪，感到一种强大的控制感。

第2节
与5号有效地交流

5号的沟通模式：冷眼旁观

和九型人格中其他人格类型相比，5号可以说是最不喜欢人际关系的人格类型。他们性情安静，喜欢独处。而当他们置身于人际交往中时，他们常常会感到焦虑和不安，害怕他人侵犯自己的私密空间，因此他们总是有意在自己和他人间营造距离感，努力将自己置于一个旁观者的位置，清醒地观察他人的行为，分析每一个人行为背后的动机，并作出正确的判断。

在与他人进行沟通时，5号性格者往往会表现出以下特征。

5号与人沟通时的特征

以自己的兴趣为导向，不太注意别人的感受。

说话有条理，言简意赅，喜欢直奔主题。

遇到学术性问题时，喜欢展现自己强大的分析能力。

一旦发现别人的冷漠或威胁，就退缩到内心世界里。

在与 5 号进行沟通时，人们需要在尊重 5 号个人私密空间的基础上，主动接触 5 号，可以从他们喜欢的学术话题入手，激发他们沟通的欲望。

与 5 号沟通好要寻找一个秘密的时刻，并事先知会他们，要给他们单独的时间去作决定。最好让 5 号自己选择交流的时间和地点，这样他们会觉得是自己在控制着相互之间的交流。而且，初次沟通时，一定要鼓励 5 号讲出问题的起因，分享他们内心的感受和想法，并给他们留出充裕的时间来整理思绪，然后再给予 5 号中肯的建议。

总之，在与 5 号沟通时，要尽量主动一些，但也不要过于主动，以防使 5 号产生压迫感。

5 号的谈话方式

大多数时候，5 号性格者沉迷于独处的快乐中，他们不喜欢和他人接触，讨厌社交活动，认为这容易侵犯他们苦心维持的私密空间。因此，他们在与人交往时常常沉默寡言，给人以冷漠的感觉。

下面，我们就来介绍一下 5 号常用的谈话方式。

5 号常用的谈话方式	
1	很少说话，不仅是因为他们需要以客观的身份来观察和思考，更因为话语本身会引起很多情绪和情感，而他们又拒绝情绪。
2	与人交流的语气是非常平板而没有情感色彩的，非常有条理。
3	从 5 号的嘴里，你经常会听到以下词汇：我想、我认为、我的意见是、我的立场是。

4	在与人交谈时，他们总是言简意赅，直奔主题，因为他们觉得把该说的事说完就好了。
5	谈到学术性话题或 5 号感兴趣的方面时，会变得滔滔不绝，其目的在于为自己搜集更多的材料。当搜集到了需要的材料或是在对方身上找不到新知识时，又会变得沉默寡言。
6	遇到自己不喜欢的话题，或者无聊的话题时，5 号会沉默寡言，也会敷衍性地说几句。

读懂 5 号的身体语言

当人们和 5 号性格者交往时，只要细心观察，就会发现 5 号性格者常常会发出下面这些身体信号。

5 号的身体语言	
1	身材瘦弱，常给人以弱不禁风的柔弱感。
2	着装非常简朴，不重视潮流、时尚等因素，因此他们的衣着常常是"过时""老土"的。
3	他们因为过于关注思考而忽略生活细节，从而可能衣服好几天都不换、头发好几天都不洗。
4	喜欢安静地坐在一个角落里，不希望引起注意。
5	无论是坐着还是站着，5 号身体动作很少，常常给人传递出这样一种感觉：我只是一个旁观者。他们的身体还给人太过僵硬的感觉。
6	他们追求简洁，当他们行走时，习惯径直接近目标。
7	外表冷漠，即便正在经历激烈的情绪或情感，他们也神情木然。因为他们总是想提早摆脱所处的环境，回到自己的空间里去。
8	漠视自己的情感，人们很难从他们的眼神中觉察到情感、情绪。
9	当他们无法回避情绪、情感话题或环境的时候，就会以回避对方注视的方式保持低调，这就给人一种眼神"迷离"的感觉。
10	在与人交流时，他们大多面无表情、安静地倾听着，最多是在谈论学术话题的时候微微点头。

11	当感到无聊时，5号容易陷入自我思考的状态，做出皱眉、挠头、在纸上画东西等动作，面部没有表情，不太注意别人的感受。

与5号交流的注意事项

和5号保持适当的距离

热情对待冷漠的5号

第 3 节
5号打造高效团队

5号的权威关系

5号性格者注重个人私密，因此他们不喜欢与人接触，不喜欢处理人际关系，更讨厌把自己的时间和精力花在处理他人的问题上。他们总觉得自己的精力有限，他人的打扰往往让他们感到疲惫。由此来看，5号对权威没有太强的掌控欲，有时候甚至会逃避权威。

一般来说，5号的权威关系主要有以下一些特征。

	5号权威关系的特征
1	5号大多会躲避权威，因为他们喜欢尽量少的控制和监督。
2	他们不希望自己变成掌控他人的老板，因为他们不关注他人的需求，他们不愿让他人使用自己有限的精力。
3	在5号看来，职位和薪水就是老板诱惑员工付出时间和精力的工具，为了自己的个人空间，他们宁愿不要这样的奖励和认可。
4	他们不喜欢与人接触，认为这是对彼此私密的一种干扰，除非5号能够提前知道要讨论的话题是什么。

5	5号喜欢做准备工作，这能够让他们提前知道别人对他们的期望，他们也会变得友好而外向。
6	如果5号能够自由安排时间，自由选择与他人接触的方式，他们也会愿意在受人管理的体系中努力工作。
7	对于面对面的接触，5号不得不选择最易实施的防卫措施——远离他人，远离与权威相关的领域。

由此可知，5号对权威具有较强的抵触情绪，既不愿成为权威，也不愿被权威控制，只想在自己的私密空间里，安安静静地过自己的生活。他们对于权威的这种抵触情绪，能够使他们专注于棘手的决定，让自己不受害怕和欲望的干扰，让他们对于那些需要宏观认识的长远项目和独立规划往往独具慧眼，但也容易促使他们进一步退缩，甚至加剧他们的自闭心理。

5号目标激励的能力

5号具有较强的目标管理能力，他们热衷于作基础研究、分析，喜欢事先计划和组织安排。为了顺利达成目标，5号经常会制订系统的、具体的、实际的工作计划。他们监督成果，确保最终结果符合设计要求。而且，他们常常能用较少的资源把项目每一步的时间都分配安排得实际而合理。

5号目标激励的能力主要包括以下几点：

关注大方向

在做一个项目之前，5号总是将注意力放在可能影响项目发展的细微问题上，而忽略了大方向。因此，5号要学着关注大方向，注意抓住项目发展的关键因素。

极强的操控能力

5号经常在项目完成后进行分析和评估。总之，5号在项目进行前、进行中、完成后都有较强的操控能力。

将策略付诸行动

5号注重思考，强调分析、调研和计划，花大量的时间来做准备工作，却不愿意付诸行动。5号要提高自己的行动力。

5号制订最优方案的技巧

5号追求知识，擅长搜集信息，并有着极强的分析能力，也能够很好地整合所有的信息，得出深刻且富有创造性的理论。

在制订方案时，5号往往有着以下一些特点。

超强的分析能力	5号喜欢对事实进行系统的剖析，找到事物发展的真相。
习惯独立思考	5号追求独立，依赖自己的分析和理解，而不是在方案制订的不同阶段让别人介入。
采取有效行动	5号在深度思考的同时也要采取有效行动，抓住发展的机遇。
突破公司的结构	5号十分看重认同作用，他们的方案缺乏创新性。因此，5号要适时在公司结构的基础上有所突破，制订出富有创造性的方案。

总之，5号要想制订出最优方案，就需要适时关注外界变化，获取外界信息，整合外界资源，再利用自己超强的理性分析能力，制订富有创造性的策略。

5号打造高效团队的技巧

身为一个领导者，5号不再只关注自己的发展，而更多地关注团队的发展。他们把他们的分析与逻辑本能用到了团队领导力上。他们确立精准而明确的团队目标，让每个团队成员都有具体的职位和清晰的职责。由此来看，5号具有较强的打造高效团队的能力。

一般来说，5号喜欢采取以下一些方式来打造高效团队。

充分信任他人	5号总是充分信任团队成员。面对5号的信任，团队成员们也不会辜负5号的期望。
制订系统的计划	5号尽自己最大可能建立条理清晰、前后一致、系统规律的工作流程，确保团队成员有效率地运用他们的时间。
将工作与生活分开	5号是理性的，他们习惯将工作与生活分开，他们也要求团队成员遵循这个原则。这能极大地提高员工的工作效率，却会让员工有缺乏人情味的感觉，导致他们产生消极情绪。
给自己思考的时间	做任何事情前，5号都习惯花大量时间来思考，这种行为可能延误发展的最佳时机，员工容易对5号心生不满。这就需要5号多和他们沟通，告诉他们自己需要时间来仔细考虑现状。

总之，5号要想打造一个高效团队，不仅需要提升自己深度思考的能力，更需要激发团队的力量，增强团队的凝聚力，创造"众人拾柴火焰高"的和谐局面，为自己、为团队赢得更好的发展。

第4节
最佳爱情伴侣

5号的亲密关系

5号习惯抽离情感，这能有效降低他们的物质欲，帮助他们减少与他人接触的机会，更有利于他们在人际交往中保护自己的私密信息。因此，5号可谓九型人格中最害怕亲密关系的人格类型。

一般来说，5号的亲密关系主要有以下一些特征。

	5号亲密关系的特征
1	努力克制情感，因为亲密感会使他们感到紧张。
2	喜欢独处。
3	注重思考，很少用言语表达感情和爱意，喜欢透过身体的接触来体会情爱。
4	感情反应迟缓。很少有什么激烈的表情和动作，别人会因此觉得他们高深莫测。
5	与人越亲密，越容易发生脱离关系或与伴侣保持距离的念头。
6	很容易对频繁的接触感到厌烦。他们会选择退出，会花大量时间反复回顾或预演双方见面的场景。
7	不轻易对伴侣做出承诺，一旦做出了承诺，就是经得起时间考验的。

8	不轻易恋爱，一旦爱上一个人，就容易对伴侣表现出强烈的占有欲，常让伴侣受到很大的情感压力。
9	不用承担个人责任，也没有人强迫他们去应答时，会给予伴侣大力的支持。
10	不擅长表达自己的情感，因此希望伴侣能够时刻关注自己的情感变化，并及时给予回应。

综合以上的特征，我们可以发现：从好的方面来说，抽离情感对 5 号具有保护作用，使得他们能够在许多抽象的层面上欣赏他人；从不好的方面来看，这会使得 5 号在亲密关系中更趋被动，容易丧失对爱情的控制权。

5 号爱情观：理智的巨人，情感的矮子

爱情是人类最强烈、最奇妙的感情，陷入热恋中的人们常常呈现一种非理性的亢奋状态。所以人们常说：感情是没有理智和道理可言的，爱情跟逻辑无关。但是 5 号偏偏是个理性有余、感性不足的人。他们对待任何事情都习惯用自己的思考和推理去求解，因此在感情上，5 号显得很不在状态。

5 号在人际关系上不太积极，喜欢自由独立的工作，沉醉在知识、信息的世界里。所以，很多 5 号很难开始一段感情，因为他们不想被打扰，不愿受束缚。很多人从大学开始谈恋爱，但 5 号在大学时期对异性一般没什么兴趣。即便身边的朋友同学都开始出双入对，5 号也不为所动，因为在他们看来，看些书、作点研究，做一个有思想、有见解、有思考能力的人，比谈恋爱有趣得多。

5号爱情观	
恋爱方面	不相信直觉冲动，更不会一见钟情。
生活安排	喜欢自由独立的工作，不愿意被打扰，也不愿意在情感上花时间。
情感经营	重视情感结果，不愿意付出，当对方需要陪伴的时候会沉迷于自己的事情而不愿意抽身。
两性相处	总是保留着自己私密的领地，难以和对方分享。过于注重理性，而忽略感性。
婚姻观点	主张晚婚，甚至坚持不婚。

让伴侣融入自己的圈子

在 5 号看来，爱情是爱情，友谊是友谊，工作是工作。他们在这些不同的场景里扮演不同的角色，有着不同的情感态度，因此他们绝不容许自己将这些情感混淆，这容易导致他们个人私密信息外泄，威胁到他们的个人空间。也就是说，职场里的同事就只是同事，他们不会发展为亲密知己，业余一起活动的朋友就只是在活动中交流便已足够，不必让他们介入自己别的圈子中。同样，他们认为，伴侣只是自己爱情世界的存在人物，也不应当介入他们其他的圈子。

而且，因为 5 号不擅长表达情感，他们也不愿意让自己处于这样一个会令自己角色分裂的位置，当他们将伴侣带入自己的朋友圈或者同事圈时，他们便不知道如何在众人面前同时扮演家人、朋友的角色，他们会为处境的非单纯化感到十分为难。此外，5号习惯忽略甚至克制自己的情感，因此他们往往不擅长情感交流，就容易使伴侣感到自己被忽略，彼此之间产生强烈的隔阂感。这种隔阂感往往让 5 号感到独立、自由，因为他们喜欢比较安静的环境。然而，这种隔阂感往往让非 5 号人格的伴侣感到痛苦，就容易激发彼此间的矛盾。

要化解这种隔阂感引发的矛盾，不仅需要伴侣理解并尊重 5 号的独立性，更需要 5 号深刻理解爱情的意义，认识到情感交流对爱情、家庭、生活的深远影响，主动让伴侣融入自己的圈子里，更全面地认识自己，更好地帮助自己发展，以便维系长久而和谐的亲密关系。

第七章

6号怀疑型：怀疑一切不了解的事

第1节
6号怀疑型的性格特征

6号性格的特征

在九型人格中，6号是典型的怀疑主义者，他们和5号性格者相似，都认为这个世界危机四伏，人心难测，交往不慎，就会被人利用和陷害。但他们又和5号性格者不同，他们不像5号一样享受孤独，而是害怕孤独，恐惧自己被孤立、被抛弃，因此才对人和事都没有安全感。也就是说，其实6号内心里渴望与人接触，并渴望得到他人的保护。

6号的主要特征如下。

	6号性格的主要特征
1	内向、主动、保守、忠诚。
2	有着敏锐的观察力，能够洞察深层的心理反应。
3	能搜索到能够解释内在恐惧感的线索，其直觉来自因恐惧而产生的强大的想象力和专一的注意力。
4	疑心重，做事小心谨慎，警惕性强。

5	疑虑多，总是用思考代替行动，导致行动推延，或是使工作无法善始善终。
6	努力克制自己的情感，害怕直接发火，但喜欢把怒气归罪于他人。
7	有着较浓的悲观情绪，常常忘记对成功和快乐的追求。
8	渴望别人喜欢自己，但又怀疑别人情感的真实性。
9	对权威的态度较为极端：要么顺从，要么反抗。
10	习惯怀疑权威，认同被压迫者的反抗事业。
11	一旦信服某个权威，就会由怀疑变得忠诚，继而对强大的领导者表现出忠诚。
12	以团体的规范为标准，讨厌偏离正轨者，会严厉地批评、责备他们。
13	循规蹈矩，遵守社会规范。
14	经常会考虑朋友和伴侣的忠诚度，有时会故意激怒别人进行试探。
15	期望公平，要求付出和所得相匹配，会被他人看成斤斤计较的人。
16	常问自己有否做错事，因为害怕犯错误后被责备，所以犯错后往往死不认错。
17	在能给予足够安全感的环境里，会支持他人成长，分担他人的困难。

6号性格的基本分支

　　6号性格者往往小心而多疑，他们从小就学会了保持警惕，学会了质疑权威，习惯去思考人们每一个行为背后潜藏的意图。而且，他们注意力的焦点往往集中在生活中那些糟糕的事情上，这使得他们把外部世界看成了各种危险因素的潜在来源。他们很容易对他人和客观形势产生怀疑，尤其是当这些人和事在他们毫无准备的情况下出现的时候。因此，他们总是处于无休止的忧虑和怀疑之中。然而，他们内心十分渴望他人的保护，一旦他们发现力量强大的领导者，比如，3号性格者和8号性格者，他们又会十分顺从、忠诚。6号对待权威的态度是矛盾的，这种矛盾心理往往突出表现在他们的情爱关系、人际关系、自我保护的方式上。

情爱关系：力量／美丽

6号时刻担心自己被利用、被抛弃，因此渴望寻找到可靠的亲密关系。如果大家都认为他／她是强壮、美丽、性感而聪明的，他们即便是个胆小鬼，也会挺直腰杆。

人际关系：责任感

6号具有极强的责任感，能够为了事业、家庭和理想做出极大牺牲。甚至可以鼓励身处困境的其他人，并为扭转局势做出英雄之举。

自我保护：关爱

6号既害怕亲密关系的不稳定，又渴望亲密关系。总之，来自他人的鼓励和温暖，将促使他们更好地发展。

6号性格的闪光点与局限点

九型人格认为，6号性格不仅有许多闪光点，也有许多局限点，下面我们就来具体介绍。

6号性格的闪光点	
有高度的警觉	害怕被人利用，因此有着较高的警惕性，总是仔细观察对方，时刻提防他人的花言巧语。
做事谨慎	做事十分谨慎。对于职责内的事情，习惯做最坏的打算，做最好的准备。

较强的危机意识	九型人格中最有危机意识的人格类型。总是关注潜在的危险，并主观臆想实际上并不存在的陷阱。当危险真正来临时，具有迅速化解危机的勇气和能力。
有责任感	认为责任感是保证生活稳定的关键因素，因此习惯在社会行为中遵守相关规则和义务，并能为了事业、家庭和理想做出牺牲。
较高的忠诚度	忠诚、值得信赖。面对任何挑战时，都能毫不犹豫地护卫彼此的关系和友谊。
注重团队精神	认为在一个团队中最易获得安全感，因此注重"团结至上、安全第一"的团队精神。
严守时间	虽然会因为对安全感的忧虑而行动拖延，但为了获得安全感，还是习惯严守时间。
看淡成功	能够为了理想而付出全力，不求回报，从不在乎是否会获得成功和荣誉。

6号性格的局限点	
多疑	对一切持怀疑态度，而且越怀疑就越不安，因而越发拖延行动。
拖延行动	总是沉溺在琐碎事务的处理工作中，在正反意见中徘徊，致使工作一拖再拖，甚至半途而废。
习惯负面想象	内心强烈的不安全感常常将想象指向最糟糕的结果。这使得他们常常给人以悲观、偏激、神经质的印象。
怀疑成功	对成功持怀疑心理，习惯躲避成功，往往在接近事业巅峰时更换工作，或是在即将大功告成时不去化解能够化解的危机。
过于保守	循规蹈矩，照本子办事，常怕犯错。所以总是畏缩不敢行动。
缺乏自信	自我怀疑。由于对自己的不信任，使得他们容易被人操控和利用。
过于悲观	对周围的一切事物，总喜欢往负面的、悲观的、严重的方面去幻想或揣测，因此时常不安、焦虑。

6号的注意力

6号性格者的注意力更多地集中在自己的想象世界里。他们必须先心里想到，才能行动。而且，他们总是根据自己的想法在现实中寻找依据和线索，而忽视了现实生活中那些和他们想法无关的事物。因此，6 号的注意力带有极强的主观性和片面性。

他们常常会回忆一个在他们童年时让他们感到害怕的人，并想象这个人就站在他们的面前，想象对方的脸部表情、身体姿态、衣服，尤其是他／她看着自己，而让自己感到畏惧的眼神。而且，他们还会让自己相信：这个人已经和自己在一个很小的房间里一起生活了很长一段时间，控制了房间里的一切，而且随时会带给他们可怕的伤害。这迫使他们形成高度的警惕心。

有时候，他们也会想象自己的朋友可能私下里有从未对自己表达的事情，这个想法可以是正面的，也可以是负面的。这时，他们就会细心观察朋友，竭力寻找被隐藏想法的蛛丝马迹。这时，他们具有典型的多疑症的特征。他们坚信这个空想的真实性，并因此感到莫大的痛苦。

第2节
与6号有效地交流

6号的沟通模式：旁敲侧击

在九型人格中，6号绝对属于庸人自扰的一群。他们常常为精神上的单调无趣所困扰，常常质疑自我能力，并焦虑别人在忙些什么。

为了避免这种情况的发生，6号有着极强的警惕性，因为他们坚信，隐藏的动机和未说出口的议题，才是真正驱策言行的因子。即便他们未必清楚自己对抗的是什么，他们依然未雨绸缪，做好一切防范，反正这么做也无伤大雅。

然而，尽管他们内心充满了担忧，他们往往还是不会在外表上表现出来，而是会以随和且温馨的态度，以旁敲侧击的方式去试探他人的反应，探知他人的意图。

人们在与 6 号进行沟通时，要尽量坦诚相待，不要要什么小心眼，不要兜圈子，内容要精确而实际。因为 6 号特别敏感，会很容易地察觉到你隐藏的动机和意义。也不要赞美他们，因为他们是多疑的，很难相信你对他们的赞美。也不要讥笑或批评他们的多疑，这会使他们更缺乏自信。总之，只要你能保持你的一致性，不言行不一、变来变去，你自然可以让他们对你产生信任。

观察 6 号的谈话方式

当人们和 6 号性格者交往时，只要细心观察，就会发现 6 号性格者常用以下说话方式。

	6 号常用的说话方式
1	讲话时声带颤抖，久久不切入正题。
2	经常使用的语言：慢着、等等、让我想一想、不知道、怎么办、但是等，给人的总体感觉是谨慎、拘谨。而这正是他们内心疑惑的表现。
3	语气语调比较低沉，节奏比较慢。谈问题时兜兜绕绕，很少切入正题。常从旁敲侧击的角度，去探测对方值不值得信任。
4	话比较多，特别是当他们想问一个问题和验证一件事情的时候，会不断地说过来说过去，话中充满着矛盾。
5	话语中理性、逻辑的成分非常多，甚至连情感、情绪也是以逻辑的形式表达的，让人很难感受到他们真实自然的情感。
6	喜欢绕弯子，做大量铺垫，来强调自己的"理"，最后再让对方通过这些"理"明晓自己想要表述的信息，以收获一份被理解和支持的感觉。
7	话语中就很多转折词，比如，"这样很好……不过……""虽然……可是"等。他们总是给人一种过分担忧的形象。

读懂 6 号的身体语言

当人们和 6 号性格者交往时，只要细心观察，就会发现 6 号性格者常发出以下一些身体信号。

	6 号的身体语言
1	身材适中，因为他们需要足够的体力或者说能量来让自己感受到充实感。
2	着装以便于打理为原则，朴实无华，但并不老土过时，只是深色居多、款式简洁而已。
3	在身体语言上往往会有肌肉绷紧、双肩向前弯的表现。
4	有着慌张、避免眼神接触的面部表情，有时候会瞪起眼睛盯着别人。
5	感到紧张时，会做出吞咽口水的不雅动作。
6	眼神总是焦虑的、不安的，颧骨部位的肌肉总是紧张的，即便是在笑的时候，眼神的焦虑和颧骨部位肌肉的紧张感也不退场。
7	对环境的敏感，导致他们的眼神总是时刻环顾着环境中的细微变化——多表现为横向移动，因为他们在扫描环境中的人。
8	说话的时候，总是边想边说，因此他们的眼睛总配合大脑警惕地转动。
9	行走、站立以及坐卧都会表现得局促不安，与人共处时会与对方保持一个安全的距离，常给人一种冷冷观察并在内心盘算的感觉。
10	当他人与自己立场不同的时候，6 号局促不安的动作会更加明显。

第 3 节

6号打造高效团队

6号的权威关系

6号性格者对权威的态度是极其矛盾的。他们总是全神贯注于任何强加在他们身上的权威，对权威充满怀疑的他们倾向去夸张权威，或以违抗、服从或迎合等方式去回应。而且，他们并不认为自己能够成为权威，他们害怕身处权威的位置可能招致更多的攻击和伤害，因此他们不愿运用权威，习惯将自己的力量减到最低。

一般来说，6号的权威关系主要有以下一些特征。

	6号权威关系的特征
1	他们崇拜权威，对于那些能够采取行动并从中受益的人，往往给予过高的估计，并渴望和这些人建立亲密关系。
2	面对自己的软弱，恐惧型的6号向权威寻求保护，反恐惧型的6号会努力去战胜它。

3	6号对权威们所操纵的权力结构、运用手段谋取地位的行为以及公司里可能出现的种种不公平或武断专横的地方变得异常敏感。
4	6号害怕成为他人滥用权力的受害者，因此他们试图去观察领导者的秘密意图，时刻注意对方有没有操控自己的计划。
5	他们喜欢严密监视那些有权有势的人，也会关爱那些无助的弱势群体。
6	他们认为，任何扮演权威角色的人，都是具有强大势力、独断专行的，因此害怕领导者发怒，这会加剧6号心中的负面想象。
7	当他们认可一个人时，会把这个保护者的形象理想化，愿意紧随其后。
8	如果6号认可的权威不再给他们提供保护，或者处事不公正、目标不正确，他们就会产生对领导的不信任，甚至会转向反权威的立场。
9	6号会被那些具有高度危险性和竞争性的体育项目所吸引，在这些活动中，他们要被迫迅速作出反应，用行动取代思考。
10	做事容易半途而废，尤其是当成功已经清晰可见时，他们常常因为找不到反对力量而无法集中精力，怀疑开始浮现，常导致行动延缓。
11	有破坏成功的倾向，会在成功之前把事情搞砸、忘记时间、遗失重要的文件等，使自己最终得不到成功，因为他们认为没有人会喜欢权威，强迫自己后退。
12	在面对一系列清楚的指示时，会工作得非常出色，因为被赋予的责任和义务将减少他们内心的疑虑。

由此可知，6号并不希望自己成为权威，但又崇拜强有力的权威，这使得他们对待权威的态度十分矛盾。从好的方面来说，他们性格中的多疑、忧郁、寻找潜在动机的习惯可以帮助他们成为一个出色的领导者；从不好的方面来看，他们过于谨慎的态度，会使得他们常常延缓行动，错失机遇。

6号制订最优方案的技巧

6号和5号一样，善于思考，习惯在做事前进行大量的调查和准备，尽可能地搜集信息，尤其是可能导致危险的信息，从而排除掉他们可能想到的所有意外，力图制订出一个万无一失的方案。由此来看，6号具有较强的制订最优方案的能力。

在制订方案时，6号往往有着以下一些特点。

6号制订方案时的特点	
始终如一	6号缺乏安全感，不喜欢变化，因为变化意味着危险，因此，他们喜欢制订始终如一的方案，而且这个方案应该是解决问题的行动进程。
丰富的想象力	6号习惯关注事情发展中的负面影响，总是试图分析所有可能发生的潜在问题。因为6号拥有细致入微的想象力，会预期一个个结果，然后制订行动方案。
突破旧有规则	当6号没有按照规则制订方案时，他们知道自己并没有严格按照期望去做事情，但是他们感到无论如何也要强迫自己这样违背规则，这往往能帮助6号制订更好的方案。
相信自己的判断力	他们可能在不同的方案选择中来回摇摆，或者制订了一个方案，然后却没有完全贯彻执行，或者根本什么方案都不制订。但6号只要能够相信自己的判断力，就能迅速作出决定。

总之，6号在制订方案时只要相信自己的内在力量，相信自己的判断力，善用自己的直觉，就能制订出最优的战略方案。

6号目标激励的能力

6号认定一个目标后，往往是勤奋、负责的，有着较强的分析能力，经常能策划出完美的项目计划。他们清楚地知道他们在做什么，也知道为什么做，他们能找出一个方法让所有相关的人都参与到计划进程中来。由此来看，6号具有较强的目标激励的能力。

总之，6号只要能克制自己的负面想象，以冷静、乐观的形象示人，就能有效激励他人，真正提升自己目标激励的能力。

6号目标激励的能力主要包括以下几点

①关注团队凝聚力

6号非常关心团队凝聚力和忠诚度，善于监督个人、团队或是整体的绩效表现，并且激励下属达成高水平的绩效。

②先展示正面计划

6号习惯在准备计划前先对事情作出最坏的打算，可能会打击团队的士气。他们应该先讨论正面的可能性，然后再讨论负面的可能性。

③在危机中保持冷静

在危机面前，6号可能会因为事先没能预测到危机而极度激动，不利于解决问题。因此，6号要学会保持冷静，从容不迫地处理一切事务。

6号打造高效团队的技巧

6号认为，当自己处于团队中时，他们能获得更大的安全感，因此他们十分注重团队力量。但是他们又会发现团队动力学可能会变得结构复杂、反复无常，这使得他们更愿意远距离观察团队，而不是高度地参与进去。也就是说，当他们承担领导职责时，他们会左右为难。

6号喜欢采取以下一些方式来打造高效团队

重视团队 合作	6号十分重视团队合作。当他们成为领导者时，能出色地构造团队的凝聚力。
强调忠诚度	6号认为，要提高一个团队的凝聚力，首先要提高团队成员对团队领导者的忠诚度，激发团队成员的责任心。
习惯领导 角色	6号不愿意成为领导者，这常常让他们感觉不安全。这时，就需要6号检查一下自己与权力、权威的关系，这样才能更好地看到自己身为领导者的正面特征，规避那些负面特征。
激励自己	6号缺少自信，需要不断地激励自己，才会有勇气带领一个团队。

第4节

最佳爱情伴侣

6号的亲密关系

6号尽管习惯怀疑他人，内心还是渴望亲密关系的。他们的亲密关系主要有以下特征。

	6号亲密关系的特征
1	习惯质疑周围的人。因此，要与6号建立真正的信任需要一个漫长的过程。
2	相信行动胜于感觉，不看重浪漫的爱情，着重于彼此做了什么来表达爱意。
3	敢于面对危险和挑战，当夫妻需要一致对外时，6号会与对方患难与共，会变成忠诚的伙伴。
4	喜欢去设计一个幸福的未来，但是当幸福真正来临时，却不太容易感到快乐和轻松。
5	喜欢扮演给予者的角色。为了稳定双方的关系，会选择一种方式来帮助对方实现目标。
6	希望影响伴侣，而不是被伴侣影响，否则会很生气。
7	一般都清楚伴侣的性格弱点，这些弱点妨碍了天长地久的承诺，让6号充满怀疑。
8	很难主动追求快乐，因为当他们开始相信时，疑虑和恐惧也在随之增加。
9	自认为能够发现他人内在的企图，一旦发现问题，就会说出来，否则会形成对对方印象的阴影。

10	会把自己的感受投影到他人身上。
11	需要得到肯定信息来消除疑虑，总是不断要对方肯定对自己的爱。
12	肯为爱人牺牲，愿意成就别人多于追求自我实现。
13	不容易记得快乐的事，悲观，有不公平感，容易小事化大，情绪失控。

6号爱情观：信任必须在怀疑中建立

6号常常将自己对安全感的饥渴式追求，演化成一种以怀疑为本的生存手段，习惯提防别人，与人保持距离来对他人进行观察和判断。他们会花很长的时间去了解对方，搜集各方面的信息，直到将不信任的地雷一一扫除，双方才能发展感情。

不过，虽然6号对人总是疑心重重，一旦确立亲密关系，对感情是非常忠诚的。爱人和家庭对他们来说是躲避风雨的港湾，6号对家庭十分看重。

在婚姻生活中，6号常常心存疑虑，需要时不时检验婚姻的可靠性和爱人的忠诚度。有时候6号的爱人会因为受到质疑而感到非常失望。对此，6号的解释是："我不是不相信他/她，只是想让自己的心更为踏实罢了。"

不要过分指责伴侣

6号喜欢指责别人，习惯将自己的感情及失败归咎于他人。

当婚姻中产生矛盾时，他们往往表现出极大的担忧："你似乎另有想法，何不说出来呢？你在隐藏什么？""你是不是想要离开我？"而且，内心愈是担心，他们便愈向外搜寻资源，并将谩骂指责投掷在他人身上。

但对于一段婚姻而言，彼此间的抱怨、指责可谓悲剧之源。俄国伟大作家托尔斯泰就是因为无法忍受妻子不断的抱怨、永久的指责、不休的唠叨而离家出走，在寒冷的冬天患肺病死在一个车站上的。他临死的请求是不要让自己的妻子来到他的面前。

当6号性格者对伴侣感到不满时，他们通常会反复分析彼此之间的问题，又因为过度的思考带来的焦虑而把所有的压力归诸伴侣身上。此时，6号会更加生气，并且将内心的恐惧与担忧真实化，自我催眠地认定是伴侣造成的，对伴侣横加指责，往往会伤害伴侣的感情，恶化彼此的亲密关系。因此，要想婚姻长久而稳定，6号需要克制自己的怀疑心，尽量避免指责伴侣的行为。

第八章

7 号享乐型：天下本无事，庸人自扰之

第1节

7号享乐型的性格特征

7号性格的特征

7号是追求享乐的乐天派。他们天性乐观，喜欢追求新鲜刺激的体验。对于生活中的困难，他们常常抱一种无所谓的乐观心情，他们总是大大咧咧，精力充沛，言谈举止掩饰不住搞笑，甚至给人一种"没心没肺"的感觉。他们的人生信条是："我的快乐我做主！"他们的主要特征如下。

	7号性格的特征
1	乐观开朗，活泼好动，是快乐的天使。
2	考虑问题很积极，但真的发生问题，可能会以追求快乐的行为来逃避。
3	喜欢追求生命中自由自在的感觉，不喜欢被环境或他人束缚手脚。
4	害怕沉闷的生活，总是积极参加各种新奇或刺激的活动，追求多元化的快乐感觉。
5	喜欢拥有多重选择，单一的选择会觉得索然无味。
6	是社交场合活跃气氛的关键人物，是不可或缺的开心果角色。

7	只要有新奇的事物存在，就会乐此不疲地去享受这种感觉。
8	坦诚率真，感情不加掩饰，常给人一种没大没小的感觉。
9	古灵精怪，面部表情丰富，常带着开心的笑容。
10	身体动作丰富，手势多且夸张，常常喜笑颜开，手舞足蹈。
11	语速很快，声音洪亮，语气和神态都带搞笑，说话没有重点，常常跑题。

7 号性格的基本分支

　　7 号性格者喜欢追求快乐，他们害怕生活单调乏味。这样的特点，使其在情爱关系上便常常会展现魅力去诱惑他人；在人际关系上表现为牺牲自己的部分快乐，以寻求长久的快乐；会采取和自己的相似者相处作为保护手段。因此，7 号在情爱关系、人际关系和自我保护方面一般会有以下表现。

① 情爱关系：魅惑

7 号渴望进行一对一的接触，喜欢在异性面前表现自己。对于一段关系开始很有热情，但很快就会转移注意力。不希望自己被限制得太死。为了维持婚姻的长久，常常需要克制自己的情感。

② 人际关系：牺牲

7 号甚至愿意牺牲自己眼前的快乐而谋求团体的福祉。他们相信，所有的牺牲都是临时性的，未来还是美好的。

③ 自我保护：寻找相似者

7 号喜欢寻找相似者。志趣相投的氛围让他们有安全感和归属感，可以缓解自己对生存的担忧。

7号性格的闪光点与局限点

追求享乐的7号性格有很多优点，也有一些缺点，以下闪光点值得关注，局限点应该警醒。

7号性格的闪光点	
活跃气氛的高手	有7号的地方就有笑声，7号是活跃气氛的高手。
敢于冒险的尝鲜者	敢于行动，寻求刺激。他们更在乎过程，而不是结果。
拥有广泛兴趣	兴趣广泛，多才多艺。
富有创意的点子王	有主意，总能想出新点子来。
善于制订计划	善于制订具体的计划。
优秀的公关人员	善于交朋友，有各种类型的朋友。
具有抗挫折的能力	抗挫折能力强，具有旺盛的生命力，这对事业和人生发展大有好处。

7号性格的局限点	
缺乏耐性	容易被不同的事物吸引，做事只有三分钟的热度，总是虎头蛇尾。由于缺乏耐性，因此难以成就大事。
过度自恋	过度自恋，常觉得自己无所不能，这样的心理常常影响他们不断内省和进步。
做事情浅尝辄止	把自己的行为面铺得很宽，但是很难深入思考。做事情浅尝辄止。
盲目乐观	常抱着盲目乐观的态度去看待周围的事情。常会压抑不好的想法，专注于正面的事情，难以看到实质性的问题和真正的困难。
难以注意他人感受	专注于玩乐的事情，难以注意他人的需求。非常随性，说话口无遮拦，有可能无意中给别人造成伤害。
难以承受痛苦	会用享乐来逃避责任，逃避可能让自己痛苦的事情，没有承担痛苦的勇气。
逃避责任	如果发生错误，常常会推卸自己的责任，把自己的过错合理化。爱好自由。

难于承诺	害怕作出承诺，即使无奈承诺，也会不守信用，这种行为难以让他人和其建立深厚的关系。

7 号的注意力

7 号很难把所有的注意力集中到一个问题上，他们常常通过不断转移注意力来忽视具体的问题。他们的注意力最大的特点就是不断游离，从一件事物上飞快地转移到新的事物上。他们在不断寻求新的刺激和兴奋，难以在已有的事物上作较多的停留。

"我对什么事情都只有三分钟的热度，对任何吸引我的东西都很快就会腻烦，然后就去选择新的兴趣。因为这个原因，我常常显得多才多艺，但是我却很难在某一项事物上做到精通。我的兴趣变化太快，一旦对某一件事物觉得有了一知半解，就觉得这个东西对我丧失了吸引力，新的事物常常能更加吸引我的眼球。"

他们是贪多求全的典型，希望自己博览群书，希望自己遍尝美味。他们希望自己拥有多样化的爱人，在日常生活中喜欢各色物品，认为只有拥有这样多样化的选择，自己才能够得到快乐。因而他们总是在不同的事物之间穿梭着，并且难以放下脚步，在某件事物上沉淀和升华。

如果能够投入精力去研究真正的问题，而不是企图把所有问题都涉及，不断改变计划，他们常常可以得到更好的成就。一旦把所有的注意力集中到一个问题上，而不是通过不断转移注意力来忽视具体的问题，他们常常发现自己拥有非常大的潜能。

第2节
与7号有效地交流

7号的沟通模式：闲谈式沟通

7号的沟通习惯是喜欢没有一定中心地谈无关紧要的话，与人进行闲谈式的沟通，这是他们的沟通模式。

这常常可以帮助他们与别人建立亲密的关系、缓和紧张气氛，也会在别人心目中树立一个平易近人的良好形象。在闲谈中他们显得见多识广，兴趣广泛，是个很好的谈话者。

但是，他们谈话常常没有明确的目的，只是按照自己喜欢的方式来谈。他们的注意力非常分散，他们的谈话似乎都是即兴的。他们喜欢分享自己的想法，分享自己的喜悦和哀愁。当他们兴奋的时候，他们常常会抓住一个人就会说很多，也不管对方感不感兴趣，他们只顾自己一吐为快。

他们谈话的时候，注意力常常被周围的新鲜事物及资讯吸引，仿佛闲谈一般。与人交流，他们常常抱有一种轻松愉快的态度。

7号的沟通模式

关心周围的各种新鲜事物及资讯

幽默风趣，让人忍俊不禁，常常成为"中心人物"

轻松愉快，不喜欢严肃、拘谨、无趣的人

话题不拘一格，有时不着边际

他们也希望你也能以这种态度与他们交谈，他们对于严肃、拘谨、无趣的人没有好感，也会因为受不了沉闷而选择离开。

他们一进入闲谈的圈子，常常便很快就成为"中心人物"，有的人说起来索然无味的话，他们却常常能谈笑风生，让人听了忍俊不禁，又顿开茅塞。不知不觉中一两个小时就过去了，而交谈方根本不会感到丝毫厌烦。

他们的话题不拘一格，可以是体育、餐饮，也可以是从前的电影等，他们海阔天空地谈一些对方感兴趣的事情。当然，他们也可能想到什么说什么，喋喋不休，不着边际地瞎聊，白白浪费宝贵的时间。

观察 7 号的谈话方式

7号喜欢欢乐，他们期待周围的人和事物都让自己快活。他们的这种心理特点使得他们的谈话显得轻松有趣，会让周围的人感觉到兴奋和欢快；但是另一方面，也可能使得他人感觉到自己总是被他们捉弄，或者被他们所忽视。

下面，我们就对他们的谈话方式进行一个简单的说明。

7号的谈话方式	
1	语速很快，声音洪亮。他们的谈话显得很有活力和激情，让人很难感受到他们有烦恼和愁绪，但也显得夸张和急躁。
2	谈话充满幽默元素，语调欢快、亲切有趣，善于调动气氛，常常让大家乐不可支。
3	特别容易偏离主题，总是被有趣、刺激的事物吸引。
4	喜欢一个人说，很难有耐性心听别人讲述一件事情。他们甚至经常打断对方，努力把话题导引到别的领域，常让人感觉有点粗鲁和不近人情。
5	喜欢直来直去、一针见血。他们只求自己的嘴巴快乐，因此常常会说出一些让别人可能难堪的话，把人得罪了还不知道。
6	有他们的地方常有笑声。他们经常用的词有：快乐、开心就好、无所谓、没事的等。

读懂7号的身体语言

当我们和7号性格者交往时，只要细心观察，我们就会发现，7号性格者往往会发出下面这些身体信号。

7号的身体语言	
1	充满活力，他们的身体语言不会给人弱而无力的感觉。
2	由于他们关注环境中一切有趣、好玩的事情，他们很容易走神。
3	坐卧站立都显得不安生，很少安安静静待在一个地方。

4	走起路来给人风风火火的感觉，似乎总是在蹦蹦跳跳。
5	喜欢佩戴一些有意思的饰品来装点自己，但他们很少顾及饰物是否与衣着协调，只是图个新鲜好玩。
6	眼神充满活力，总是有一种闪耀的光芒，显得古灵精怪。
7	常常挂着开心开怀的笑容。
8	眼神和面部表情非常丰富，从不掩饰自己的喜怒哀乐。
9	快乐的表情远远多过悲伤的表情，他们是天生的乐天派。
10	身体动作常常很丰富，他们的手势不断而且夸张。
11	说到尽兴时，常表现出喜笑颜开、手舞足蹈的夸张表情。
12	他们有时候会面露不屑的表情，也会经常使用瞪着眼睛去盯人的表情。

通过身体语言，我们可以因此辨别一个人是不是7号，去判断他的心理状态，也可将身体语言当成和他们交流的一个重要参考因素。

第3节

7号打造高效团队

7号的权威关系

7号在权威关系中的关键问题就是自由，他们喜欢自己选择需要的事物和方法，而且要有多种选择。他们精力充沛，对感兴趣的工作愿意付出努力。他们喜欢得到别人的好评，但是对别人的权力不感兴趣。他们也不会为了向他人证明自己的能力而放弃自己的兴趣，任何在不受永久承诺约束下获得成功的事情都可能让他们产生成就感和满足感。他们是方针政策飞快变化的领导，是让人难以确定他是否在正确道路上行走的员工。他们的权威关系主要有以下特征。

	7号权威关系的特征
1	7号性格者喜欢平等的状态，没有人在他们之上，也没有人在他们之下。
2	看淡权威，认为权威也是普通人，自己完全可以和他们平起平坐。

3	具有天生的优越感，认为自己有很大的才能，完全可以自己选择要走的路。
4	害怕自由受到任何形式的限制，努力消除权威对自己的控制，面对压力，通常会变成强烈的反权威者。
5	7号相信自己完全有能力说服任何反对他们的人。
6	7号擅长带动团队的整体情绪，他们是团队具有生活气息和快乐的保证。
7	7号表现得几乎无所不知，并且想让人们感觉他们比表面上更加博学。
8	7号表达能力突出，会坚持积极的主张，从不会犹豫不决。
9	7号善于理论结合实践，整合各方面资源来为自己的理想服务。
10	在项目实施的最初阶段，以及项目遇到困难时，他们的效用最高。
11	他们很难对一个项目从头到尾地投入热情。
12	他们不喜欢常规的工作，对于自由度较低的工作也不习惯。
13	7号常用大量的设想和理论来代替枯燥而艰苦的工作。
14	7号常常是很好的计划顾问，他们善于提供形形色色的创意。
15	如果一件事情让他们感兴趣，即使不切实际，他们也不会轻易放弃。
16	7号目光长远，对没有远见的人没有好感。
17	7号喜欢把不相关的或者看似相反的观点进行系统分析，找出不寻常的联系和相似点。
18	7号喜欢做计划和把计划诸实施的工作。

总之，7号追求自由的选择，强烈追求新奇和创意的刺激享受，反映在权威关系上也是如此。他们常常是一个我行我素的领导和员工，只追求自己那点单纯的快乐。

7号制订最优方案的技巧

在制订方案时，7号往往有着以下一些特点。

快速的方案制订者

7号领导者思维活跃，方案都制订得飞快。当然，因为迅速，他们可能遗漏重要信息，或者不能够获得足够深入的信息。

7号制订方案的特点

| 方案一 | 方案二 | 方案三 |

忽视组织的政治文化

7号制订方案常常忽视组织的政治文化，对于各个部门缺少足够的尊重，也不愿意过多思考，这也影响了他们制订方案和采取行动的能力。

注重民主的领导

7号注重民主的领导，喜欢让每个人都表达自己的想法或观点。

寻求最佳方案

7号应当加强分析，找出自己的选择中哪一个能带来最佳的结果，找出最佳的方案。

很难坚定不移去执行决定方案

7号常常不能够坚定不移地执行方案。他们总是不断移动自己的目标，这对于方案的制订是不利的，常常使得最终没有一个真正的方案。

7号目标激励的能力

一般来说，7号目标激励的能力主要有以下特征。

7号目标激励的主要特征	
积极的目标激励者	7号在项目的开展过程中，常常会鼓励大家不断参与到项目的大目标中来，而且在项目的不同发展阶段，都会不断激励大家。
快速推进目标的行动者	7号一旦掌握了项目进行成功的基本要素，把握了主要的关键因素，就会快速行动，生怕机会稍纵即逝。
头脑风暴的组织者	7号经常通过头脑风暴让其他人贡献自己的想法，通过观念的撞击寻求各种各样的选择，觉得这些事情让他们兴致勃勃。
善于营造充满活力的工作环境	7号善于营造欢快的气氛，因而他们工作的时候，周围的工作环境常常充满活力和新鲜刺激。
需要集中精力	7号常常极具能量，新主意在脑海中不停地进出。他们需要不断让自己和团队成员把精力集中在手头的工作上，不要迷恋新鲜的、刺激的新主意。
目标推进前松后紧	7号喜欢同时做很多事，常常在项目后期发现只有一个选择项可以选择，从而加班加点，快速追赶，犯下项目推进前松后紧的毛病。为了避免这样的局面，他们需要订个计划，让每一项工作都提前几天完成。
工作计划需要更细致	7号的项目激励常常没有详细的计划，只是一个大的想法，常常因此步入低效率的旋涡。他们需要学习制订一个详细的工作计划，促进项目准时甚至提前完成。

7号打造高效团队的技巧

　　领导的首要任务是构建和打造自己的高效团队，7号打造高效团队，下边的一些方面是需要加以注意的。

7号打造高效团队的技巧

7号是永恒的幻想家，美好的愿景经常吸引那些希望冲破束缚的有才华的人。

用愿景吸引他人

注意个人的权威建设

一味强调民主，使得他们的权威常常难以建立，在需要把握大方向时，他们会显得有些无力。

7号充满活力，缺乏等待的耐心，一旦主意已定，常常会选择快速推进行动。

快速推进行动

重视团队架构和流程

7号不太强调团队架构和流程。这种放松的氛围有可能让团队成员丧失目标和方向。

7号常常是注重平等的领导，认为每个人都是平等的，使得团队具有浓厚的民主气味。

注重平等的领导

注意要适可而止

7号新想法不断，常常让团队成员感到超负荷。他们需要学会适可而止，学会对好主意说"不"。

第4节
最佳爱情伴侣

7 号的亲密关系

7 号在亲密关系中，常常喜欢寻求自己的快乐，喜欢去冒险尝试所有的美好，不喜欢做出承诺，而且经常会有点见异思迁，有一点儿花心。

一般来说，7 号的亲密关系主要有以下一些特征。

	7 号亲密关系的特征
1	喜欢自由自在的伴侣关系，不喜欢被束缚的感觉。
2	如果已经进入一段关系，可能同时向其他人施展魅力。
3	喜欢刺激和快乐的关系，忽视生活中平淡无奇的一面。
4	自我认知较高，常常期待自己的伴侣能给自己足够的欣赏。
5	善于让伴侣高兴起来，总是能找到快乐的理由。
6	一旦关系出现了问题，会选择玩乐来回避，让双方没有讨论问题的时间。
7	受不了抑郁的伴侣，常常会选择远离他们。

| 8 | 7号是不能做恋人，但还可以做朋友的类型。 |
| 9 | 虽然作出承诺很难，但是7号也会在分手后怀念美好的时光。 |

总之，7号在爱情中常常是追求刺激和享乐的角色，喜欢无拘无束的恋爱关系，希望从爱情中得到很多快乐，但他们可能会很难将感情固定在某个对象上，成为情场的一个顽童或者疯姑娘。

7号爱情观：追求快乐的爱情

7号喜欢追求快乐的爱情，他们希望和爱人一起及时行乐，到处发掘可以带来新奇、刺激体验的机会。在爱情中，开朗的他们就像一个永远长不大的孩子，是即使穿着西装革履也会蹦跳个不停的超龄小飞侠，恋爱对于他们似乎是一场游戏，是一桩能令人"提神醒脑"的乐事。

他们常常会在日常生活中费尽心思地安排各种好玩、新鲜、刺激的事情，以赢取爱人的喜欢。当然，他们也希望与爱人一起亲身体验这些新奇、刺激、好玩的事物。他们希望在这些体验中感受彼此内心的快乐，把这种快乐看作爱情的关键。7号人格害怕沉闷的个性也让他们非常具有生活情趣，也希望爱人能够懂得他们追求快乐、关注情趣的特质，并和他们一起享受这些情趣。他们也需要以与爱人共同体验快乐的方式来避免内心的紧张、沉闷和单调的生活。

但即使在亲密关系中，他们也不希望自由被剥夺，抗拒监管或操控。他们可以许下建立长久关系的承诺，但是前提是不能叫他们丧失太多的自主空间，根据他们的爱情观，没有自由就等于失去快乐，这种恋爱是没有意思的。

不要逃避现实中的问题

7号的最大问题是不能察觉问题已经发生。他们自己不会被环境扰乱情绪，便以为别人的心情也一样，永远阳光普照，不会乌云蔽日，因此他们理解不到别人的焦虑与哀愁。而且即使他们发现伴侣已积累了满腔愤怨，或者伴侣主动讨论问题，很多时候他们也不会觉察到问题的严重性，而认为不需要花时间费神解决，不断进行逃避，伴侣很可能会因为他们这种态度感到沮丧与绝望。

一个雨夜，一只猴子和一只癞蛤蟆坐在一棵大树底下，一起抱怨这阴冷的天气。"咳！咳！"最后猴子被冻得咳嗽起来。"呱——呱——呱！"癞蛤蟆也冷得叫个不停。当被淋成了落汤鸡，冻得浑身发抖的时候，它们商议再也不过这种日子了，于是决定天一亮就去砍树，用树皮搭个暖和的棚子。

第二天一早，当橘红的太阳在天边升起，金色的阳光照耀着大地的时候，猴子尽情地享受着阳光的温暖，癞蛤蟆也躺在树根附近晒太阳。

猴子想起了昨晚说过的话，可是，癞蛤蟆却说什么也不同意：“干吗要浪费这么宝贵的时光？棚子留到明天再搭嘛！”

　　7号有忽视现实问题的倾向，总是把问题拖延到明天。他们需要正视和伴侣相处过程中产生的各种问题，不要去逃避，因为逃避只能使问题越来越严重。

7号在爱情中易出现的问题

不能专注于一个爱人

不专注的爱情是没有结果的，7号应该学会专注于固定的爱人。

逃避现实中的问题

逃避现实只会让问题更严重，7号应该回到现实中来，与爱人一同面对问题。

只关心自己的快乐感

7号在自己的快乐中缺少体察别人情感需要的能力，应该多注意练习。

第九章

8号领导型：王者之风，有容乃大

第1节
8号领导型的性格特征

8号性格的特征

8号性格是九型人格中的"统治者"，他们在生活中希望依靠自己的实力来主宰生命，并且喜欢控制身边的一切人和事物。他们处于优势时，常常毫不掩饰自己的王者风范；处于劣势时，也常常在积蓄力量，等待时机去充分反击。他们的人生信条是："一切听我的。"

他们的主要特征如下。

	8号性格的主要特征
1	强调按自己的想法独立思考与决策，以掌控一切的方式主宰人生。
2	关注宏观战略，小事情或细枝末节喜欢让人代劳。
3	相信"强权就是公理"，专横霸道，喜欢掌控身边的一切。
4	富有正义感，喜欢为自己争取公道，也不惧为他人两肋插刀。
5	不允许别人指指点点，或表现出任何不尊重。
6	富有进攻性，可能随时会表现愤怒，但脾气来得快，去得也快。
7	没有耐心倾听反面意见，难以认识自身的缺点。

8	专向难度及规则挑战。
9	轻视懦弱，尊重强者，喜欢在正面冲突中决不退缩的人。
10	喜欢过度而极端的行为，沉迷于美酒佳肴、无休止的夜生活、大运动量的运动，甚至没完没了地去工作。
11	表情威严，昂首阔步，目中无人，笑容爽朗。
12	说话直截了当，常用"我告诉你""听我的""为什么不能"。

8号性格的基本分支

8号性格者希望一切在自己的控制中，他们讨厌失去控制的感觉，这样的特点使得8号性格者往往陷入一定程度的偏执。

因为这种偏执，他们在情爱关系上要么是控制对方，要么就是臣服于对方，在人际关系上要么是寻求保护者的角色，要么就是寻求被保护的角色；并且把满足个人欲望视为自我保护的手段。

他们在情爱关系、人际关系、自我保护等方面通常有以下表现。

①情爱关系：控制／臣服

8号希望能够完全控制爱人的行为，不惜使用强迫的手段。但是，当他们完全相信某一个人的时候，却又可能转而臣服于对方。

③自我保护：满意的生存

8号对周围的一切都要控制，这样才能满意地去生活。希望一切随自己的心意，而不是随他人的安排，因为被控制的后果只能是让他们恐慌。

②人际关系：保护／被保护

8号喜欢那些受他们保护的人和那些保护他们的人，他们之间可以建立友谊。常常结交众多的朋友，一起工作或玩乐，而且在需要的时候提供相互的支持与保护。

8号性格的闪光点与局限点

追求控制的 8 号性格有很多优点，也有一些缺点，以下这些闪光点与局限点值得关注。

8号性格的闪光点	
疾恶如仇，崇尚正义	看重公平正义，对于黑暗的恶势力深恶痛绝，有大胆反抗的勇气。
不害怕冲突	在冲突中不会退缩，反而能站出来维持正义，不惧怕任何挑战。
直率坦诚	言行毫无诈术，喜欢打开天窗说亮话。
不知疲倦的工作狂	常给自己设立一个长远目标，并且干劲十足，不知疲倦。
重情重义	有情有义。只要你忠实可靠，便会尽一切力量保护你。
善交朋友增强影响力	重视朋友，常主动和朋友联络聚会。选择朋友眼光敏锐，可以很快发现能让自己获利的对象，对他们的事业发展极为有利。
富有领袖气质	不喜欢被操控，有成为领袖的欲望。善于谋划，愿意承担责任，能为他人出头，也能给他人分配工作，是极具领袖魅力的人。
有开拓精神的创业家	喜欢自己当家做主，有创业欲望；常胸怀大志，用梦想吸引他人加入；不惧挫折，愈战愈勇，是具有开拓精神的创业家。

8号性格的局限点	
觉察不到自己内心的愿望	关注外部世界，捍卫正义，但是不懂得审视内心，不了解自己的真正愿望。
不能控制自己的愤怒	容易发火，而且难以控制自己的愤怒，常因此伤害别人，影响人际关系。
过分寻求刺激	依赖酒精、性、毒品、香烟，喜欢无休止的狂欢，喜欢大的运动量，过度信赖速度和力量，对消耗精力感到充实。
行事冲动	讨厌反复思考，享受掌控局势的满足感，有时会比较冲动。
专横独裁	脾气暴躁，自以为是，一意孤行，可能会陷入偏执。

贪恋权力	对权力和支配特别迷恋，但常会用权力最大限度地实现自己的欲望。
喜欢报复	善于记仇，别人得罪了自己总要报复对方。
盲目自大	常把自己的优点最大化，把别人的优点最小化，自命不凡，以至于常常轻视别人。

8号的注意力

8号总是认为自己比任何周围的人都要强，他们总是关注自己的优点，以及周围人的弱点，这样的态度常常使得他们具有心理上的优越感。

而在面对不利情况的时候，8号常常会用两种方式来逃避，让自己感觉舒服：第一种方法是转移自己的注意力，第二种方法是拒绝承认现实中的不完美。

8号惯常使用摆脱威胁的一种方式就是转移自己的注意力，他们常常让自己沉迷于某件事物当中，可以无休止地玩乐，狂吃畅饮，灯红酒绿，周旋于各种聚会不可自拔。他们在这样的时刻，常常可以忘记自己的缺陷、内心的痛苦，以及对周围世界的迷惑。

8号有时候喜欢使用拒绝承认现实的态度面对周围的缺陷。他们拒绝承认烦恼自己的事情存在，并强迫自己相信自己的判断是正确的，他们要让自己的注意力报喜而不报忧。只有自己无视现实的残酷，他们才不会因为这些严酷的情况而害怕。他们坚信自己绝对正确的事实，却无法承认自己做错了的事实。

第2节
与8号有效地交流

8号的沟通模式：直截了当进行要求

8号的言语常常斩钉截铁，富有霸气。他们的言语不拐弯抹角，开门见山直接说出要求，这是他们典型的沟通模式。

一些人难以适应8号的直接和强势，甚至会感觉到冒犯。但是这是他们的本性，不必因为他们的暴躁而伤害自己的心情。而且，如果试着学习8号的沟通风格，简洁直接说出自己的用意和要求，不回避问题或者避重就轻，这样的交流其实也会更加真实而有效率。

总之，要和8号和谐相处，一定要了解他们的这一特点，这样你才能够理解他们的内心，你也可以减少自己的误会，也不会轻易被他强势的语言伤害，并且能够找出合适的应对之道。

8号的谈话方式

8号喜欢控制，他们期待周围的人和事物都在自己的控制之中。他们的这种心理特点使得他们的谈话显得强势和有力量，会让周围的人感觉到力量和召唤力，但是另一方面，也可能使得他人感觉到压迫和被控制。

下面，我们对他们的谈话方式进行简单的说明。

8号的谈话方式	
1	他们通常是支配者，没有耐心倾听别人的观点。他们试图避免倾听他人，害怕自己可能丧失坚持自我的勇气。
2	喜欢直截了当的沟通，讨厌说话拐弯抹角和兜圈子。他们的特点是如此鲜明，而且因为这种简单，他们往往显得更加有力量。
3	言语激进偏执，具有攻击性和煽动性。常表现出强势的召唤，面对他们的召唤，一些人会深受鼓舞，但是他们的言语也会让一些人受伤。
4	常常在帮别人出主意，想办法，进行热心的指导。他们总是有很多好的办法，是善于发现问题和解决问题的人。
5	说话很有自信，显得强悍而霸道，常常说"你为什么不""我告诉你"等话语。他们说语总是不容置疑，明目张胆地去要求，也常常能得到自己应得的，但也可能给他人造成压力和伤害。
6	如果你公然和他们唱反调，那么他们会非常愤怒，会对你吼叫，直到完全控制局面为止，否则他们绝不会善罢甘休。

读懂8号的身体语言

在和8号性格者交往时，只要细心观察，我们就会发现8号性格者常发出以下身体信号。

8号的身体语言	
1	无论是站立还是坐卧，他们都会不自觉地向后微倾，给人传递一种高高在上、等待对方主动示好的架势。这种架势不动之中自有威严。
2	他们如果在走路，常常是抬头挺胸，显得器宇轩昂、气度不凡、目中无人。他们散发出来的气质是富有能量的，总是生气勃勃。
3	他们的身体动作可以随情绪而有较大的变化。情绪稳定的时候，是一个耐心的观察者，但是也会表现出自己的威严。情绪高涨的时候，会采用各种夸张动作，来表现自己的控制力。
4	目光中透露着霸气，看人专注，习惯直视对方眼睛，眼光富有侵略性，让人不敢轻易去招惹他们。
5	即便是微笑，也能透露出一股威严而霸气的气势，让人对他们不敢忽视。他们的表情是威严和慈祥的统一体，如何表现全在于他们面对的是自己的保护者，还是自己要面对的敌人。
6	相当注重自我形象，着装注重搭配，服装款式和风格种类颇为丰富。他们的衣服看起来相当有身份感，在个人身上是最舍得投资的。

宽容8号的无心之失

8号比较强势，他们的习惯交流方式就是直截了当地去要求。而且，当需要得到了满足的时候，他们会非常高兴。但是，如果他们的意愿没有得到满足或者重视，他们就会非常生气。

他们的这一特点，本质上缘于他们把自己的地位看得太高，认为自己的需要是最重要的。他们很难真正尊重别人，总是轻视别人，并且喜怒随性，常常会在无意中伤害别人，甚至让别人产生敌对的情绪。他们即便学会了弥补自己给别人的伤害，依然会给别人的内心留下不可愈合的伤疤。

怎样对待8号的无心之失

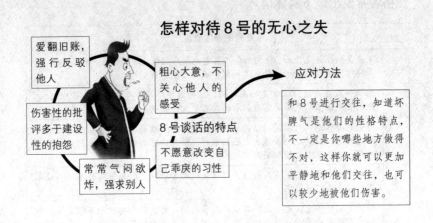

爱翻旧账，强行反驳他人

伤害性的批评多于建设性的抱怨

常常气闷欲炸，强求别人

粗心大意，不关心他人的感受

不愿意改变自己乖戾的习性

8号谈话的特点

应对方法

和8号进行交往，知道坏脾气是他们的性格特点，不一定是你哪些地方做得不对，这样你就可以更加平静地和他们交往，也可以较少地被他们伤害。

第3节

8号打造高效团队

8号的权威关系

8号在权威关系中的关键问题就是控制权的问题。他们喜欢掌控的感觉，因此他们的权威关系中不变的旋律就是对控制权进行争夺的拉锯战。他们的权威关系主要有以下特征。

	8号权威关系的特征
1	8号坚持自己是正确的，他们希望一切按照自己想的去办。
2	8号是天生的领导者，一方面可以强势去侵犯他人的地盘，另一方面又要保护自己地盘需要照顾的人。他们总是善于集中盟友，打击共同的敌人。
3	8号特别关注盟友或下属是否值得信任，他们最担心内部所造成的纷争。
4	8号习惯通过斗争而不是谈判来解决问题。
5	8号总希望全面占有信息，只有这样，他们才会有真正的安全感和掌控感。
6	8号常常具有较强的项目推动能力，有他们在，项目常常能顺利完工。
7	8号领导也有干涉别人工作的倾向，他们常常喜欢按自己的一套来办。
8	8号对于下属的错误常常是不留情面地加以批评，甚至不给对方改过自新的机会。

9	8号常常是规则的制订者，但同时也是规则的打破者。
10	8号常常更加关注对人的控制，对于具体的事件有时候反而比较疏忽。
11	8号领导很有架子，在员工面前有威严，但显得不够亲切，员工和其在一起会有一定的疏离感。
12	8号通过发火来表明自己的控制，但这也可以显示他们内心的恐惧和紧张。
13	8号常常通过斗争来获取信息，他们从来不惧怕斗争。

总之，8号是喜欢控制的一类人。无论是领导还是员工，他们都希望自己拥有足够的控制权，有一个单独的区域让自己负责，把自己的想法付诸实践。

8号制订最优方案的技巧

在制订方案时，8号往往有着以下一些特点。

① 独断专行

8号只相信自己的观点，而不去相信他人的观点，习惯单方面地制订方案，难以采取多样化的视角。

② 关注宏观，忽视细节

8号喜欢关注宏观，对于细节常常关注不够，需要加以注意，或者找一个助手帮助关注细节。

③ 过于强势

8号常常强势推行自己的方案，如果态度缓和一些，其实更加容易获得别人的认可。

④ 快速而冲动

8号喜欢快速制订方案，常常会忽略很多具体的细节和隐患。如果能慢下来一下，反思一下自己的方案，可以少犯很多不必要的错误。

⑤坚定不移却可能思维僵化

8号制订行动方案，常会坚定不移地坚持自己的看法。但是8号却有可能会思维僵化，完全不能容下不同意见。

⑥制订方案的同时背离方案

8号是规则的制订者，但却常会打破已有方案的拘束，成为规则的破坏者。这样会不能让下属心服口服。

　　总之，8号在制订具体方案的时候，如果能够发挥更多的同理心，更具有宽广的心胸、实事求是的追求真理的态度，那么他们制订的方案可以更加出色。

8号目标激励的能力

　　一般来说，8号目标激励的能力主要有以下特征。

目标激励的高手	8号喜欢让事情按自己的意愿发展，很少犹豫不决，总是促使下属在预定轨道上飞快前行。
敏锐的战略嗅觉	8号在目标激励的时候，常可以及时识别出战略方向的偏差。对大方向把握的正确性，使得众人追随。
勇敢无畏，刚毅自信	8号敢于做决定，而且大胆，立场坚定，神情自信。有他们在身边，对于下属就是不小的激励。
对下属会有偏向	8号常给有能力和自己信赖的下属很多的自主权，对于他们认为态度有问题或能力差的人，不能给予同样的待遇。
需要更多地学习授权的技巧	8号习惯关注宏观，而把细节交给下属去处理。他们的行动可能很快，其他人难以赶上节奏。为了避免这样的情况发生，他们的态度和方案的表达可以滞后一点。
需要更多地学习关注人的因素	8号领导引领工作时，心浮气躁，不能和他人和睦相处，不愿意在别人身上浪费时间。如果能以更温暖的方式回应别人，那么会得到更多的支持。

| 需要学会工作的时候制造乐趣 | 8号总是全力以赴地参与其中，并且要求下属保持和自己一样的节奏。如果自己放松一些，那么员工也可以更加放松，这样的工作效率反而更高。 |

总之，8号在目标激励的时候，如果能更多关注自己的特点，发挥自己的优势，避免和弥补自己的弱点，他们可以做得更好。

8号打造高效团队的技巧

8号是天生的领导者，领导的首要任务是构建和打造自己的高效团队，8号打造高效团队，下边的一些方面是需要加以注意的。

注重团队结构和流程建设	有些8号对团队结构和流程不是那么关注。他们喜欢根据需要制订系统，因此他们的团队可能会显得没有组织；8号也可能去着手组织每一件事，在架构上会出现控制过度的现象。要注意两个极端，学会平衡。
向团队成员征询意见	8号不大喜欢征求团队成员的想法，因此，团队成员常常缺乏参与感，而只有让团队成员参与到讨论中来，才能激起他们的积极主动性。
把握好掌控细节的节奏	8号喜欢掌控大的方向，对于细节并不是特别关注，但是8号的掌控有时却又过度。他们对细节的掌控，需要把握好节奏。
合理利用个人权威	8号常常富有权威，可能个人的意愿太多，忽视了团队成员的看法。他们很少与人一起讨论，对团队成员不能给以足够的自治权。他们确实需要合理利用个人的权威。

第4节
最佳爱情伴侣

8号的亲密关系

8号在亲密关系中，常常喜欢控制对方的一切，不希望恋人控制自己的生活，但在找到安全的感觉时，他们也有可能屈服于对方，并且把自己当作恋人的一部分。

一般来说，8号的亲密关系主要有以下一些特征。

	8号亲密关系的特征
1	习惯按照自己的喜好去行事，不习惯征求恋人的意见。
2	习惯监督恋人，希望恋人的行为在自己的控制中。
3	常选择比自己弱小的伴侣，希望一切都在控制中。
4	希望成为关系的主宰，如果伴侣拒绝被控制，也会感觉很有吸引力。
5	习惯保护恋人，像保护自己一样去保护他们。
6	在困难中，常常是坚定而有力的依靠。
7	不允许自己表现柔情蜜意，逃避自己的脆弱情感。

8	如果受到伴侣的伤害，会选择报复。
9	不害怕和伴侣争吵，相反，还把争吵当作双方沟通思想的手段。
10	习惯承担保护者的角色，不习惯被呵护的感觉。
11	也可能放下武装，认可伴侣，成为一个真诚的爱人。

总之，8号在爱情中常常是极具控制欲的角色，他们也是坚定的保护者，是一个侠心义胆的恋人，是危难之时坚定的依靠。他们在亲密关系中常常会发生一些摩擦，他们的爱情是充满刀光剑影的控制和反控制游戏，充满火药味。

8号爱情观：爱即是保护

在8号的心目中，理想的爱情就是自己一生一世地守卫自己的伴侣，并且忠实地照顾他们。

8号习惯照料和关怀，不习惯别人的呵护。即使是面对亲密的伴侣，他们也很难表现自己柔情的一面。他们认为这种感情代表软弱和依附，总是自觉担当保护伴侣的重任。他们愿意全心全意、一生一世地去照顾自己所爱的人，用实际行动而不是浪漫的言语，来实践自己对爱情的承诺。

为了心爱的人，他们对可能的威胁特别敏感，若发现爱人受欺负，他们会不惜一切代价为他们讨回公道。他们绝对是能够为伴侣提供保护的角色。无关痛痒的芝麻小事，也许他们不会在乎；但是涉及原则的大是大非问题，他们绝不会轻言让步的。他们会为爱人争取公平与人争执，甚至不惜大打出手。

8号在生活常常主动承担家庭责任，让对方不受压力和伤害的困扰。他们慷慨大方，总是设法满足爱人的各种物质要求，经常通过买礼物来表达自己的爱意。

他们常常会为家庭打算，制订阶段性的发展目标。他们的目标具体而实在，买什么车，买什么房，要有多少存款，要不要移民，会一点一滴努力，让目标一步步实现，尽管具体实现的时间不一定很明确。

他们是特别实实在在的爱人，是能够过日子和对爱人提供实实在在保护的爱人，他们的心思也许没有那么细腻，他们的态度也许显得强势和霸道，他们也许显得太爱监督和控制，但是他们是真诚的保护者。有他们在身边，他们的爱人常常会感觉到安全和内心的放松，他们的心目中，爱即是保护。

不要忽略爱人的感受

8号伴侣常常专注于自己的欲望，常常去体验自己对生命的掌控感，但是他们却常常可能会忽略爱人内心的感受。

他们认为"人应该自己争取想要的一切"。如果爱人不主动表达自己的好恶，8号伴侣就会把爱人的表现看成对自己的认同，并且要求对方支持和配合自己的决定和行动。

他们对爱人认为自己被忽略了的埋怨常常不予理睬，也不去采取行动进行安慰。他们认为一切都是对方自己选择的，所以对方理应承受应有的结果。如果对方一再强求，他们甚至会觉得对方不可理喻，并且会以极端的态度去对待对方。

但是人与人之间情感的沟通，是交往得以维持并向更为密切方向发展的重要条件，8号也需要学习重视爱人的感受。如果是一个女8号，下边的一些方面是她在情爱关系中需要注意的小细节，这样她们也能成为一个懂得爱人内心的女人。

了解他的口味	只要他说过，你能放在心上，那就最好不过了。就算他从来没说过，你也可以观察到。而这些，都是让他快乐的"线索"。
送上细心而细小的体贴	仔细想想自己什么时刻需要握一杯热茶（咖啡）在手中，那么你的男人一定也喜欢这样。
谢谢他的"好"	感谢他的辛勤付出，及时地谢谢他的"好"。
给足男人面子	不管在私下里他有多怕你，在人前你一定要给足他面子，男人都不喜欢朋友们取笑他怕老婆。
满足他的虚荣心	男人大多喜欢吹牛，千万别戳破他的这个小把戏，因为这样做可以让他们得到一点力量，找到一点自信。
不要让虚荣和功利迷住眼睛	物质的追求是无止境的，你的人生不是活给别人看的，自己舒服最重要。金钱有价，真爱无价。
以柔克刚	男人虽然外表坚强，但内心却很脆弱，他们需要妻子的柔情似水，轻怜蜜爱。
爱他的父母	爱人的父母就是自己的父母，对他的父母好，他也会对你更好。

同样，男8号也有很多需要注意的地方。只要8号懂得了解自己爱人的内心，那么他们的同理心就会更强，而他们也能更多地赢得自己爱人内心的感激和回应，他们也能成为体贴人心、粗中有细的好爱人。

第十章

9号调停型：以和为贵，天下太平

第1节
9号调停型的性格特征

9号性格的特征

9号是九型人格中的和平主义者，他们的心中最大的渴求是和谐。他们为了追求周围的和谐，不惜牺牲自己的意志，成为一个跟随者和没有主见的人。他们对于和谐的希望非常强烈，他们害怕冲突。他们认为自己的意见微不足道，只要一切能够恢复平静。他们不懂拒绝，也很少坚持。他们的人生信条是："为了和平，我愿意把自己忘记。"他们的主要特征如下。

	9号性格的主要特征
1	善于倾听，很好的调解员，能站在两边为对立的双方说话。
2	关注他人的立场，富有同理心，但难以坚持自己的立场。
3	难于拒绝别人，但对于答应的事，可能依靠拖延来表达不同意。
4	善于欣赏事情好的方面，也能迅速发现他人的优点。
5	认同周围的世界，不挑剔，所以适应能力比较强。
6	常常关注细枝末节，重要的事情常常放到最后才做。
7	保持自己的慢节奏，不愿改变，认为所有的事情都会随时间自然解决。

8	偏爱隐藏自己，不喜欢出风头和争名夺利。
9	性情随和，很少发脾气，但被轻视或被强迫时也会发火。
10	目光真诚，衣着朴实，动作表情平和，女性亲切，男性憨厚。
11	讲话慢慢腾腾，重点不突出，喜欢说"随便、你说呢、你定吧"等话语。

9号性格的基本分支

9号性格常常将自己的真实愿望隐藏，转而用其他一些感觉来替代它们，这样他们就可以忘记自己的真实想法，而且不会感觉到特别压抑。他们的这种情感转移手段，使得他们在情感关系上，使用以恋人为中心的融合手段；在人际关系上，使用紧跟团体的跟随手段；在自我保护上，使用一些小小的爱好来取代自己的真正需求。具体来说，9号性格者在情爱关系、人际关系、自我保护方面主要有以下特征。

①情爱关系：融洽

9号在情爱关系中，习惯和对方融为一体，变得以对方为中心。其行为围绕恋人而进行，把恋人的喜怒哀乐当成自己的喜怒哀乐。

②人际关系：跟随

9号在人际关系以及团体活动中，常常喜欢以团体的需要来代替自己的需要。这样跟随着，他们总有事情可以做。他们在融入团队的过程中，也可以把自己本身的需要忘掉。

③自我保护：爱好

爱好可以成为9号自我保护的一种手段。通过这种让自己的心思转移的方法，他们就可以逃避，自己真正的需要就可以暂时忘记。

9号性格的闪光点与局限点

追求和谐与和平的 9 号，其性格当中有不少优点值得关注，它们是 9 号引人注目的闪光点。9 号也有不少缺点，这些缺点局限了 9 号的发展。9 号如果想要突破自我，就必须对这些局限点进行充分的关注。

9 号性格的闪光点	
善于调解冲突	理解冲突的任何一方，态度平和，常为矛盾双方所认同，天生的调停专家。
毫不利己，专门利人	做事情没有利己的目的，把别人的需要放在首位，希望别人能得到应得的一切。
闲适的人生态度	可以保持自己闲适的节奏，宠辱不惊，经得起沉浮，不喜欢出风头和争名夺利。
善解人意	善于倾听别人的内心，能感知别人的需求，也能在真正意义上帮助别人。
个性随和，富有亲和力	只要不触碰 9 号的底线，他们待人非常有弹性，亲切随和，使人毫无压力感。
思想富有创意	内心是开放的，因而丰富的信息也让他们具有较丰富的创意源头，可以想出一些好方法和好点子。
善于捕捉闪光点	善于欣赏事情好的方面，也能迅速发现他人的优点，是捕捉闪光点的好手。
适应能力强	认同周围的世界，可以接受现实生活中的优缺点，不挑剔，适应能力比较强。

9 号性格的局限点	
缺乏积极主动精神	听天由命，不太相信自己能够改变什么，不能做到积极主动，不思进取，难以成就事业。
自我迷失	关注周围的和谐，清楚地了解他人的内心和需要，但对自己的内心，长期压抑，容易陷入自我迷失。
缺少自我规划能力	不能辨明自己的目标，不分主次，陷在日常琐事中，而且对时间不能科学安排，自我规划能力缺乏，难以获得成功。

志大才疏	怀有高远的理想，但是目标不具体，不能够落实，而且现实中由于害怕冲突，缺乏勇气，常留下志大才疏的遗憾。
优柔寡断	考虑问题喜欢瞻前顾后，害怕影响周围的和谐，优柔寡断。
害怕冲突，自我牺牲	喜欢平和，害怕冲突，为了避免或消除冲突，会牺牲自己的利益。
逃避问题的鸵鸟	面对压力和不能解决的问题，会像鸵鸟一样，希望危险自动消失，而不去采取行动。
自我麻醉	为了维护和谐，牺牲自己的愿望。不会直接面对问题，常用一些爱好或者机械的行为麻痹自己，有自我麻醉的倾向。

9号的注意力

9号性格者的注意力常常不在自己身上，他们的关注点在周围。他们全方位关注周围的事物，探究它们中哪些对自己有利。他们只是要考虑到所有的元素，并理解它们之间的内在关系。

他们常常会收集过量的信息，陷入信息的大海之中，不能分清事物的主次，分不清哪些是需要关注的声音，哪些是弥散在周围的噪音。在他们看来，每件事物都很重要，没有哪个事物是没有意义的，它们的存在都具有合理性。他们常常看到一件事情的正面，也能看到这件事情的反面，但是他们却不能够为自己找到一个坚定的立场，在他看来，每一个立场都有其可取之处。

他们的注意力探头进行多向扫描，这让他们可以提取到丰富的信息。他们从来不会在一条信息中沉浸下来，总是希望了解所有的情况。他们在倾听别人谈话的时候，常常可以同时进行另外一些思考。他们常常会感觉到目前进行的谈话和曾经发生的一些事情相似。他们的思绪可以四处飘扬，联想到很多方面，但这并不妨碍他们理解别人的话，因为他们和对他们说话的人已经融为一体了。

9号因为这样的注意力，常常可以同时进行多项事务。他们可以轻松进入一个自发的程序，能够在做一些单调的事情的同时，将自己的思绪抽离出来，去思考一些问题，或者进行一些谈话。他们在这方面真的是个好手。

第2节
与9号有效地交流

9号的沟通模式：追求和谐的交流

9号希望通过沟通，周围世界的和谐局面能够保持，自己的内心也能不被打扰。他们在沟通过程中，时时刻刻以这一点为目标，因此这也成了他们沟通的重要模式。

他们谈话的时候，时刻从对方的角度去着想，不敢表现自我。他们认为一旦表现自我，自己就可能对别人造成威胁。他们非常具有同理心，不想让别人难堪，他们的平和态度，常常可以让那些亲近他们的人很放松。但是，从另一个方面来说，他们不表露自我，也常常让自己不为他人所知，被人忽略。这常常会让9号失去表达自我、展现自我的机会。他们没有了强大的自我，那么人生就会显得平淡，生命也会因此缺乏激情和创造力。

但是，9号的沉默，并不代表他们的内心没有判断。所以，和9号进行交流的时候，一定要懂得鼓励他们表达自己的观点，要有耐心地引导他们说出自己的想法，一旦他们开始说，你会发现，他们会说出很多你不知道的东西。

另外，和 9 号进行沟通时，对他们进行适当的赞美，并表示对他们的认同，常常能让他感到自己得到了重视，自己的意见不会影响和谐。这样他们就会大胆表达自己的想法了。

观察 9 号的谈话方式

9 号具有追求和平的本质，他们在谈话中也以这一世界观为指导，会采取一些相对应的谈话方式。他们的谈话策略符合他的世界观。他们认为，只有自己退缩，才能换来和平，所以他们的谈话方式也具有克己礼人的风格。

下面，我们对他们的谈话方式进行简单的说明。

	9 号的谈话方式
1	不具有进攻性，甚至有一点退缩的感觉。
2	眼光很柔和，看不到锐利的光芒。
3	会不断肯定对方的观点，也会对你说的话不断给出正面评价，或者不断重复你的观点。
4	谈话时节奏慢腾腾的，语气不坚定，常常在询问。他们很少下肯定的判断，认为自己的意见应该是可以不断变化的，这样的话，自己就不会威胁他人，而且也表示，自己愿意随时调整，愿意跟对方进行合作，希望让对方满意。
5	有时候说话不清晰，让人不知道他们在说什么。他们很多时候谈的东西天马行空，好像没有中心思想，让你觉得有点啰唆。

读懂 9 号的身体语言

当人们和 9 号性格者交往时，只要细心观察，就会发现 9 号性格者常发出以下一些身体信号。

9号的身体语言
1	常保持面容的和善，不过男9号常常显得木然，女9号常常笑得较甜，但他们常常似乎只有淡淡的微笑，很少大声地笑。
2	面容平和，很少大喜大怒。碰到很热烈的事情，他们看起来也相当平静；即使很生气，面容也只是稍微阴沉，不会显出凶神恶煞的样子。
3	身体动作常常迟缓，让人们感觉到他们的内心似乎很平静，但他们也不会选择静止，害怕别人说他们不作为，他们只是处于中间状态。情势急迫，他们可以很快行动；一旦没有压力，则尽量停止下来。
4	看起来懒洋洋的，如果能够慢走，绝对不会选择快跑；如果能够站着，他们绝对不会走；如果能坐，他们绝不会站；如果能躺，他们也不会坐。他们的身体是柔软无力的，经常是东倒西歪的。
5	不讲究穿什么，也不讲究品牌，衣服只要满足最基本的需要就行了。当然有时候，为了适合一些特殊的场合，他们也会改变装束，但是相比较而言依然很简单，并且随众。

他们这样的身体语言，反映出9号内心追求和平的愿望，通过他们的身体语言，我们可以感觉到他们内心的小心谨慎，他们试图用这样的姿态去赢取和平，他们的内心从外在就能够一览无遗了。

第 3 节
9号打造高效团队

9号的权威关系

9号在权威关系中所关注的最主要问题就是和谐。他们对于表达自我有一种深深的恐惧，担心表达自我会带来不和谐，所以他们总是避免表达自我。他们如果是下属，他们就会可能牺牲自己的利益来顺应领导的安排；他们如果是领导，他们就可能牺牲自己的利益来顺应员工的需要。他们的权威关系主要有以下特征。

	9号权威关系的特征
1	9号的老板和员工，看起来常常有点漫不经心，做事情不紧不慢，时间安排也会前松后紧，后期经常出现加班赶进度的情况。
2	他们讨厌多变的环境，因为多变意味着不断表达自我，而表达自我会带来很多风险。按部就班的做法会让他们更有安全感，因为不用去冒风险表达自己的选择。
3	9号如果是老板，喜欢自己的公司目标清楚、进程清晰。在这样的环境中，他们不需要花费太多的精力去选择，不需要浪费脑力去主动思考。

4	9号员工也喜欢这种目标清楚、进程清晰的环境。在这样的环境中，他们不需要表达自己，自己的权益就可以得到维护。
5	9号常常觉得自己被困住了，自己被别人控制了，成了别人的工具。
6	9号不发表意见，不代表他们没有想法，因为自己的意见被忽视，他们的内心会产生愤怒情绪。
7	他们的愤怒常会埋在心里，通过间接的形式表达出来，他们会选择不用心工作、拖延来表示。在无法忍受的时候，他们也会发火。
8	9号常常喜欢融入他人，他们的意见很可能就是身边人的想法。
9	他们很容易和别人的观点产生共鸣，即使是不同的观点，他们都能够比较好地理解，这样的性格使得他们适合成为出色的协调人员。
10	在团队当中出现问题的时候，他们的参与常常可以稳定团队。但是，他们在发现团队的问题时，不会提出自己的看法和建议，他们认为，即使自己说了，也不会改变什么。

9号制订最优方案的技巧

在制订战术方案时，9号往往有着以下一些特点。

①注重良好的人际关系

9号战术方案制订的流程，常常是和项目或问题牵涉的各方进行沟通，和他们建立良好的人际关系，然后去考虑这些具体问题，并制订最佳的问题解决方案。

②害怕面对冲突

在工作中不可避免地会出现一些冲突，这时，9号会用拖延的方法，把问题放在那里不去管它。

③试图取悦所有的人

他们回避冲突，试图取悦所有的人，当问题真正出现的时候，这个时候如果不解决，会给项目带来很大的伤害，也会让团队承受不必要的损失。

总之，9号在制订方案的时候，应该更加大胆，不要奢求人人满意，应该接受冲突的存在。如果能够把原则而不是人际和谐看得更重，他们可以更快更好地制订出独特而有效的最佳方案。

9号目标激励的能力

一般来说，9号目标激励的能力主要有以下特征。

注重团队和谐	9号领导非常关注团队的和谐，在项目进展不顺利的时候，他们有可能会不愿意采取强势的态度，使得项目的进展出现问题。
忽视自己的领导作用	他们常常忽略自己在目标激励中的作用。当团队成员希望他能够给出指导时，9号却选择独处，只能给团队带来伤害，他们应该承担自己的责任。
对领导能力不自信	他们常常不愿意表明自己的态度。他们害怕被拒绝，害怕自己说出来，会带来冲突，自己无法收拾。他们的这种保留态度只能让下属迷惑。
过度关注细节	他们为了逃避指导别人的痛苦，常常用关注细节来解脱。他们一定要从细节中脱离出来，专门做自己的本职工作，帮助团队聚焦在一个大目标上，这才是他们的本分。
害怕作出承诺	他们害怕说出自己的观点，因为一旦说出，就相当于一个承诺。但是他们忘记了一点，那就是只有给出承诺，才能真正实现承诺。
不能给出明确的指示	他们在激励大家向目标而奋进时，给别人的不是命令，只是选择，他们应该更加干练一点，这样下属才能得到真正有用的命令。

总之，9号领导应该大胆进行目标激励，只有他们进行目标激励，团队才能真正有正确的方向；只有他们进行目标激励，他们才能建立真正的自信；只有进行目标激励，他们才能让下属得到真正的指导；只有进行目标激励，他们也才真正履行自己的承诺，成为一个真正合格的领导。

9号打造高效团队的技巧

领导的首要任务是构建和打造自己的高效团队，9号打造高效团队，下边的一些方面是需要加以注意的。

喜欢无为而治	9号喜欢无为而治的管理方法，这样的方法便于自由开展工作，但是人如果没有制度的约束，也可能丧失积极性，不能正常完成任务。
常常忽视制度建设	9号如果用心设计合理的制度，那么他们的管理风格将实现真正的无为而治。制度面前，他们就可以避免过度人情化。
个人魄力不够	9号喜欢组织成员讨论，他们如果在听取大家意见的基础上，能够大胆提出自己的见解，那么会使他们的意见更加具有执行力。
过度关注细节	9号回避冲突，下属等着他给出指令，他却沉迷在细节当中，忘记团队的战略目标，不能发挥最大的领导价值。

第4节
最佳爱情伴侣

9号的亲密关系

9号在亲密关系中，常常喜欢把注意力集中在对方身上，与对方融合，丧失自己的意志，一切围绕着伴侣转。但他们外在的顺从常常伴随着内在的不满足，也会隐藏不少矛盾。

一般来说，9号的亲密关系主要有以下特征。

	9号亲密关系的特征
1	常把伴侣的兴趣爱好和需求看作自己的，一切围绕着伴侣转。
2	可能因为对方的行动深受鼓舞，并卷入其中，也可能因为很不认同对方而顽固地僵持和抗争。
3	能够轻而易举地感受恋人的感觉，但是很难发现自己的感觉。
4	常常把双方关系的控制权交给对方，如果对方的决定没有产生好的效果，又会抱怨对方。
5	能够为实现对方的愿望而不断努力，甚至把恋人的愿望当成生活的动力。
6	一旦陷入一段关系，就很难放手。
7	即使和恋人在一起味同嚼蜡，也会习惯性地去保持关系，忽视自己的真实愿望。

8	如果想要摆脱一段关系，会犹豫不决，既不想分手，又不愿好好过日子。
9	如果没有找到依靠，可能会四处留情，或者参加一些活动来麻痹自己。

9号爱情观：安详和谐才是真

在9号的心目中，爱情安详和谐是最重要的。他们对轰轰烈烈的爱情敬而远之，渴求细水长流的爱情。两个人无风无浪、平平淡淡地共度一生，就是他们一生最大的追求。

他们的高认同性，让别人很难和他们发生冲突。这也是他们所乐于看到的，因为他们也是千方百计地避免冲突。如果生活当中充满了冲突，他们会无比焦躁，难以忍受。

他们自己常常无所谓，怎样都好。他们期待对方去做主，常常认为爱人喜欢的就是自己喜欢的。他们很少故意说一些甜言蜜语，感动对方，也很少设计一些小惊喜，让对方出乎意外。他们只希望平稳和快乐地生活着，就一切都好。

他们忽略自己的感受，很少或者基本不发脾气，他们愿意在发生争执的时候妥协，是一贯的好脾气持有者，他们也会有时候感觉自己被忽略，或者被控制了，这个时候，他们内心也会产生怒火，但常常是隐而不发，希望对方了解自己的需要，但是不说出来常常让别人不能理解他们，他们就被压抑，偶尔也会发出无明业火，让周围的人都吓一跳。

情感不要拖泥带水

9号的情感常常是模糊的，不敢大胆表达出来，拖泥带水。他们总是在逃避关键的东西，在无关系的东西上浪费时间，不敢直接进入主题，或者表明自己的态度。他们的人生模式就像下边故事中犹豫的哲学家一样，因为自己的拖泥带水、犹豫不决，而留下了遗憾。

一天，一个女子造访一位著名的哲学家。她说："让我做你的妻子吧。错过我，你再也找不到比我更爱你的女人了！"

哲学家很中意她，但仍回答说："让我考虑考虑！"然后，哲学家用他一贯研究学问的精神，将结婚和不结婚的好与坏分别列出，才发现，好坏均等，真不知该如何抉择。于是，他陷入了对婚姻问题的长期思索中。最后，他得出一个结论：人若在面临选择而无法取舍时，应选择自己未经历过的那一个。"对！我该答应那个女子的请求。"

哲学家来到那个女子的家中，告诉她的父亲自己决定娶她为妻的事，女子的父亲冷漠地回答："你来晚了10年，我女儿现在已经是3个孩子的妈妈了。"

9号在感情生活中总是能拖则拖，消极等待，拖泥带水，不采取积极行动，亮明自己的态度，作出抉择。这样的爱情态度，留给他们的只能是一次又一次的失望和错过。